产品创新设计
提案与商业实现

Product Innovation Design Proposal
and Commercial Realisation

戴民峰 著

化学工业出版社

·北京·

内容简介

　　《产品创新设计提案与商业实现》是一本聚焦于制造业与产品创新实践并实现商业化落地的系统性操作手册。作者基于450余个项目的实战经验，深入剖析了如何将创意转化为商业成果，从理解企业需求、构建逻辑严密的提案到精准呈现与高效落地，层层递进，构建出了一整套实用可复制的提案方法论。书中既有真实案例剖析，也有方法模型解析，语言简明、逻辑清晰，兼具理论深度与实践指导价值。

　　本书适用于工业设计师、产品经理、企业管理者、高校设计类专业师生，尤其适合希望提升方案影响力与商业落地能力的设计相关从业者阅读。它不仅是一本关于提案技巧的实务书，更是一部连接创意与市场、设计与决策的创新路径指南。

图书在版编目（CIP）数据

　　产品创新设计提案与商业实现 / 戴民峰著 . -- 北京：化学工业出版社，2025.5. -- ISBN 978-7-122-48210-5

　　I. TB472

　　中国国家版本馆CIP数据核字第2025SK2954号

责任编辑：陈　喆　　　　　　　装帧设计：孙　沁
责任校对：宋　夏

出版发行：化学工业出版社
　　　　　（北京市东城区青年湖南街13号　邮政编码100011）
印　　装：河北延风印务有限公司
710mm×1000mm　1/16　印张14¾　字数271千字
2025年5月北京第1版第1次印刷

购书咨询：010-64518888
售后服务：010-64518899
网　　址：http://www.cip.com.cn
凡购买本书，如有缺损质量问题，本社销售中心负责调换。

定　　价：99.00元　　　　　　　　　　版权所有　违者必究

前 言

在过去这些年，我深切感受到：一个好设计，远远不止是图纸上的创意，更是一段完整的落地旅程。它要从企业的需求出发，穿过工艺与市场的缝隙，最终进入用户的生活——每一步都不能缺位。可现实往往没有那么理想。很多时候，一个设计方案无论多精妙，依然会在评审会上被束之高阁。不是因为它不够美、不够创新，而是因为它没有讲清楚自己"值不值"——值不值公司投入资源，值不值市场去试，值不值信任它成为下一个主打产品。

我走过不少企业，看过许多项目方案的诞生与夭折。最终让我真正意识到问题的根源，不在创意，而在"表达"。我们太习惯用设计语言谈美感，却缺乏用商业语言谈价值的训练。这之间的缺口，正是"设计提案"存在的意义。

做工业设计十几年，我一直在高校与企业之间来回奔波。既教书，也带团队做实案。我们曾为两百多家制造企业做过项目——从小家电到健康产品、从展柜系统到移动出行，每个行业都在快速变革，也都在寻找"能听懂自己语言"的设计方案。

我写这本书，没有那么多"理论框架"的野心。我只是想把这些年真实做项目、写方案、推项目的经验，整理成一套方法，给和我一样在前线忙碌的设计师和产品人用得上。

书里不会讲什么宏大叙事，而是告诉你——一个提案怎么写，客户到底在意什么，设计师在会议上应该说哪几句话，方案中的草图怎么画才更有说服力，等等。我也放进了很多我自己写过的提案节选，还有我们团队踩过的坑。

如果你刚入行，希望少走点弯路，这本书可能会帮你找到方向；如果你已经有些经验，但总觉得提案差了点火候，这本书会是个提醒；如果你是企业负责人，也许能在这里看到，设计是怎样真正走进决策的。

　　总之，我希望它不是一本只看一次的书，而是一套你能常拿出来翻翻的工作参考。愿你每一次翻开它，都是一次更接近落地的起点。

目 录
CONTENTS

第二章

构建提案：从创意到完整方案

051

第三章

呈现提案：让设计打动企业

103

第四章 04

提案落地：
从决策到市
场成功

155

第五章

**全案思维：
提案的未来
发展**

195

01

第一章

理解企业：让提案对准商业目标

引言

　　产品设计提案是决定产品能否从构想变成市场成果的关键一步。它不仅要呈现新颖的设计方案，更要从企业角度思考市场真实需求、技术落地难度、供应链投入与回报、品牌定位是否匹配等核心问题，让企业不单觉得方案好看，更能清晰地看到商业上的可行性。

　　在本章中，通过对企业实际需求的深度解读，帮助设计师精准理解企业的真实目的与关注点，并通过打动企业的设计提案，让创意与企业的商业目标紧密结合，推动产品从提案真正走向市场。

第一节　提案的起点：创意与决策的桥梁

很多人都误以为产品设计提案就是用来"秀创意"的，只要做得新奇、有趣就足够了。可现实是，企业看提案并不是为了欣赏创意，而是要看这个方案值不值得投资、能不能赚钱。对企业来说，外观好看、功能新奇只是表面，更核心的是市场到底需不需要、成本能不能控制住、技术做不做得出来、跟品牌调性搭不搭等实实在在的问题。

因此，一个真正成功的设计提案是要让企业看到明确的商业机会——方案能落地、有利润，值得企业去投资。

在本节中，我们将深入探讨：

① 为什么设计提案是创意的表达，更是商业化的关键？

② 如何让设计提案成为创意与企业决策的桥梁，推动产品落地？

③ 案例解析：如何通过精准提案，让企业真正认可设计方案？

 一　产品设计提案的核心价值

1. 产品设计提案概述

普通的设计提案： 设计团队提交了一份PPT，展示其外观设计、创新功能和高级材质。企业领导虽然对创意感兴趣，但仍无法确信该创意是否值得投入生产。

完整的设计提案： 设计团队不单提供视觉方案，还需回答企业的以下核心问题。

① 这个产品为什么值得开发？它解决了什么问题？

② 目标用户是谁？市场需求如何？

③ 企业投入生产后，能获得怎样的回报？

④ 设计方案如何兼顾美学、功能和商业价值？

两种设计提案的区别在于认知偏差（表1.1）。产品设计提案的核心是让创意匹配企业的商业目标，使产品具备真正的市场价值。

产品设计提案是设计团队在明确市场需求、用户痛点和企业战略后向企业决策层展示的完整方案。它除了展示产品外观和功能，还要清晰呈现市场前景、盈利可能性、量产可行性等企业真正关心的问题，确保企业高层能快速看懂方案价值，做出理性的投资决策。

表 1.1 提案的认知偏差与真正价值的对比

项目	常见误解	真正优秀的设计提案
目标	提供视觉创新、提升用户体验	解决企业的商业问题，推动产品落地
关注点	造型、颜色、材质、交互体验	市场需求、技术可行性、商业回报、生产成本
决策依据	设计师的灵感与审美	数据、用户调研、市场趋势分析
面向对象	设计团队	企业高层，市场、研发、供应链等团队

2. 产品设计提案的关键要素

一个能真正落地的设计提案除创新性之外，还需具备市场竞争力和可执行性，使企业明确投资回报。为此，提案应包含以下关键要素：

① 市场问题（用户痛点）分析：明确产品当前面临的市场问题或用户痛点，帮助决策者理解为什么现有的产品无法满足需求，并为新的设计提供方向。

② 创新解决方案：展示设计团队如何通过优化外观、简化操作或增加功能等方式，创新性地解决痛点，提升用户体验和市场竞争力。

③ 商业价值分析：量化设计方案的商业影响，如市场潜力、销售增长预测、品牌溢价等，帮助企业评估投资回报。

④ 实施路径：阐述项目的落地方案，包括技术可行性、资源需求和生产规划，确保创意能够转化为可量产的产品。

⑤ 可视化呈现：通过 PPT、渲染图、交互演示或原型直观展示设计方案，决策者快速理解其价值和市场潜力。

3. 失败案例: 创意与商业现实

案例: 智能扫码盒。

在产品设计提案中，创意与商业现实的冲突往往是最难平衡的问题，如设计团队希望用独特的创意打动企业；企业管理层则更关注市场反馈、生产成本和投资回报。

在一次智能家居品牌的产品设计项目中，设计团队提出了一款创新型智能扫码盒，命名为"圆宝"。当时市场上主流扫码盒大多外形呆板、体积偏大、功能单一，主要应用于便利店、奶茶店等小型商户，缺乏设计感和场景适配性（图1.1）。

图 1.1　当时市场上主流扫码盒

　　其设计灵感来源于"铜钱天圆地方"的概念，产品采用圆润的造型，并辅以金属质感，象征着"财源滚滚"，赋予科技产品文化气息（图1.2、图1.3）。

图 1.2　产品外部方圆结合的轮廓曲线与古时钱币圆中有方的特点

图1.3　"圆宝"智能扫码盒设计效果图

它的核心功能除了扫码支付，还新增了验钞功能，利用先进的扫码技术快速识别纸币真伪，提供额外的实用价值。

企业管理层的第一反应：

① 市场需求：商户是否真的需要额外的验钞功能？

② 成本控制：制造成本是否会抬高定价，影响市场接受度？

③ 投资回报：该产品是否能带来足够的收益？多久能回本？

尽管"圆宝"在设计理念上独具特色，但由于市场需求分析不足，企业对投资该产品持谨慎态度，最终未能通过立项。

（1）问题分析：企业为何拒绝方案

"圆宝"扫码盒在设计创意上很出色，但设计提案在以下三方面考虑不足，导致企业管理层最终拒绝投资。

① 市场需求分析不足。

a.企业高层的质疑：

·"商户真的需要验钞功能吗？"

·"复杂功能是不是反而降低了用户的使用效率？"

b.数据不支持：

·用户调研：市场数据显示，80%的商户更关注扫码盒的稳定性和耐用性，只有10%的商户关注额外功能。

·竞品分析：市场上的主流扫码盒功能以简单、便捷、高效为核心，而"圆宝"增加了额外功能，可能反而会降低用户体验。

·客户反馈：小型商户的需求是扫码速度快、连接稳定、维护简单，而非多功能集合。

c.设计提案中的不足：提案中缺乏对目标用户需求的详细调研和分析，未能明确指出"圆宝"如何解决用户的核心痛点，导致企业对市场需求的可行性产生疑虑。

② 生产成本控制不足。

a.企业高层的质疑：

·"这个产品的制造成本会不会太高？"

·"市场主流产品的售价是100元，我们的定价如何能适应市场？"

b.数据不支持：

·"圆宝"使用了高精度扫描模块，同时增加了智能芯片，导致制造成本比普通扫码盒高出40%。

·供应链数据显示，市面上畅销的扫码盒定价在80~150元，而"圆宝"因功能复杂，定价至少要200元，远超商户的购买预算。

·增加功能后，生产流程变得更复杂，可能会进一步提高成本。

c.设计提案中的不足：提案中未详细说明如何控制生产成本，缺乏对成本控制的具体措施和优化方案，导致企业对项目的经济可行性产生担忧。

③ 商业回报预估不足。

a.企业高层的质疑：

·"高端扫码盒的市场规模到底有多大？"

·"投资这个产品，我们的回本周期是多久？"

b.数据不支持：

·市场数据显示，超过90%的商户选择价格在80~150元的扫码盒，而200元以上的产品市场占比不到5%。

·价格敏感度分析表明，商户在采购扫码设备时，首要考虑的是稳定性和价格，而非额外功能。

·按照企业的营销投入计算，如果"圆宝"售价为200元，至少需要1.5年才能回本，而企业希望6个月内收回成本。

· 设计提案中的不足：提案中缺乏对商业回报的详细分析，未能提供明确的市场定位和盈利模式，导致企业对项目的经济效益产生怀疑。

（2）案例启示

如何让企业认可你的设计提案？

① 设计提案必须基于真实的市场需求，避免"自嗨式创新"。

② 控制生产成本，确保方案具备实际可行性。

③ 商业回报必须量化，让企业看懂投资价值。

通过这个案例，我们可以看到，产品设计提案除了是创意的表达，更是一个综合性的决策工具。它需要从创意层面和商业层面共同出发，帮助企业评估市场需求、生产成本和商业回报，以确保设计不仅能打动人心，更能在商业上成功落地。

▶▶ 二 设计提案：从创意到决策的桥梁

在产品设计提案的过程中，设计师常常面临一个问题，即如何让创意停留在"惊艳"的层面，同时还能够推动企业做出决策。很多时候，创意本身并不足以赢得企业认可，关键在于如何将其与商业逻辑紧密结合，成为企业成功的"跳板"。接下来，我们将探讨设计提案如何将创意转化为影响决策的有效工具。

1. 设计提案的核心任务：从创意到商业实现

产品设计提案的目的是通过创意来解决企业的实际问题，因此需要将创意与市场需求、企业战略和技术实现相结合，帮助企业做出明智的决策。

① 市场定位与目标用户：设计提案需要通过市场调研明确产品的目标用户和市场机会。

② 商业价值与回报：企业关心的是设计的市场潜力和投资回报。一个好的设计提案需要通过数据支持帮助企业看到投资带来的回报。

③ 实施可行性与风险管理：提案需要展现创意的技术实现路径、生产可行性及潜在风险。明确创意如何在现实中落地，以及如何规避可能的市场或生产风险，能大大提升企业的信任感。

2. 创意背后的商业驱动力：让设计成为决策依据

产品设计提案的最终目的是将创意背后的实际效益呈现给企业决策者，帮助他们做出决策。

① 与战略目标契合：设计提案中的创意要与企业战略目标相符合。在多种方案之间，提案能通过数据分析帮助决策者理解每种方案如何影响品牌定位、市场份额以及差异化，从而为决策提供数据支持。

② 创新与商业化的平衡：设计提案要明确如何通过创新解决市场痛点，并确保创新能够转化为商业成功。设计不仅要提升用户体验，还要填补市场中的空白，创造更多的商业机会。

3. 设计提案如何推动决策: 从创意到决策的实际应用

产品设计提案的真正价值在于帮助企业做出有依据的决策，确保创意能顺利变为市场上的成功产品。

① 基于市场调研的决策支持：通过消费者调研、竞品分析和市场规模预测等数据，提案能确保设计符合市场需求，并提高产品的市场接受度。数据能够帮助决策者理清设计的市场潜力，进而做出合理的投资决策。

② 可视化演示强化决策信心：设计提案通常通过PPT、渲染图、原型等可视化方式呈现创意，帮助决策者更加直观地理解创意的商业价值。这种形象化的呈现方式能有效提升企业的决策信心，加快从创意到市场的落地速度。

▶▶ ☰ 案例解析: 从"现代外观"到"文化共鸣", 让产品更具市场吸引力

1. 案例背景

设计团队为一家传统锅具品牌设计一款新型煎锅，企业最初的想法是"让产品外观更现代"。然而，在与销售团队和目标用户进行深入调研后，设计团队发现，影响用户购买决策的不仅是外观的时尚感，更在于产品能否融入生活方式、赋予厨房用品更深的情感价值和文化共鸣。

2. 市场调研结果

① 消费者需求洞察：消费者希望厨房产品能增添趣味性，提升日常烹饪的仪式感，尤其是在日常生活中能够带来情感上的共鸣。

② 年轻用户偏好：年轻用户更愿意购买具有文化元素、能够被分享的产品，尤其是在社交媒体上能创造话题和话语权的产品。

3. 设计提案优化

设计团队提出了"十二生肖创意煎锅"的概念，结合中国传统生肖文化，将锅具造型与传统文化元素结合，使其不仅是实用工具，更是富有情感价值的生活用品。这一创意从市场调研出发，着眼于情感价值和文化共鸣的市场需求，成功地将创意与企业的商业需求、目标用户的心理需求相结合，形成了一个有力的设计提案。

4. 设计提案的作用

① 明确需求与价值：在提案中，通过市场调研和用户反馈向企业证明了"文化共鸣"比"单纯的时尚感"更能打动消费者并推动购买决策，帮助企业认识到用户情感的真正需求。

② 创意与决策的桥梁：设计团队通过将文化元素与锅具的实用性结合，展示了如何从创意出发，将其转化为对企业决策的有效支持。设计提案不仅提供了新颖的创意，还详细解释了该创意如何解决市场痛点、创造经济效益，并最终实现市场突破。

③ 沟通与说服：通过视觉化的方式，设计团队将创意的商业潜力展现给企业决策者，强化了提案的影响力，帮助企业理解如何通过文化元素提升产品的市场吸引力。此举向企业传达了设计方案的可行性，也在情感层面上触动了消费者，推动了企业做出决策。

④ 市场策略与商业回报：提案中详细说明了如何通过文化元素吸引不同年龄层的消费者，提出了具体的市场推广策略，进一步增强了企业的信心，促使企业决策者做出"文化共鸣"方案的选择。

设计团队通过这份提案，优化了产品外观，赋予了产品文化价值，促使产品从单纯的消费品转变为具有情感共鸣的文化载体。进入市场后，这款煎锅（图1.4）凭借其独特的设计理念和趣味性在市场上迅速获得了热烈反响，成为品牌差异化竞争的重要突破点。

5. 案例启示

设计提案的价值在于"满足企业的要求"，更在于通过深入的市场调研和创意碰撞，帮助企业发现他们未曾察觉的市场需求。在本案例中，设计提案实际上建立了创意与企业决策之间的桥梁，使设计从一项创意变成了推动商业成功的战略工具。

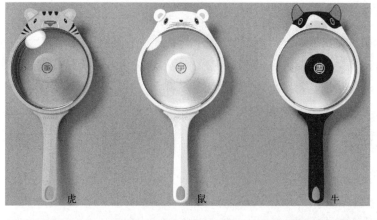

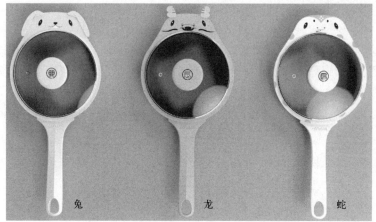

图 1.4　生肖创意锅具设计案例

第二节　提案的关键：企业需求的多重维度

提到"企业需求"，很多人第一反应是"盈利"。商业的本质是赚钱，但这并不意味着企业的所有决策都只围绕"利润最大化"展开。实际上，当与企业的不同部门沟通后，你会发现需求往往是多层次的，甚至有时候彼此冲突。

一个真正有价值的设计提案，不只是美学创新，更关键的是能为企业创造实际价值。也就是说，设计师要弄清楚企业的真正需求是什么，而非它表面上说的需求。

在本节中，我们将深入探讨：

① 企业需求的多重维度，如何精准把握企业的核心诉求？

② 分析如何在五大维度中找到最佳平衡，确保设计提案真正落地。

③ 通过案例解析，剖析为何某些设计提案未能被企业采纳。

▶▶ 一 企业需求的五大维度

企业在决策时，很少单独基于某个因素来决定是否投资某个产品或设计方案。相反，企业通常会从市场、研发、制造、品牌和政策五个维度进行综合考量（表1.2）。

表1.2 企业决策核心维度与设计提案考量

维度	企业关注的核心问题
市场维度	目标用户是谁？市场需求是否真实存在？竞品情况如何
研发维度	企业是否具备技术能力？研发成本是否可控
制造维度	现有生产体系能否落地？制造成本是否合理
品牌维度	设计是否符合品牌定位？会不会影响品牌现有市场
政策维度	设计是否符合法规？是否能获得政策支持

以下是对五大维度的解析。

1. 市场维度: 产品的竞争力和商业机会

市场决定产品的生死。一款设计再优秀的产品，如果没有市场空间，企业就不会投资。

（1）企业的核心关注点

① 市场是否有明确需求？目标消费者是谁？他们的核心痛点是什么？

② 竞品的市场表现如何？现有产品是否已经占据市场？企业能否找到差异化？

③ 市场规模和增长潜力如何？是成熟市场的迭代产品，还是新兴市场的机会点？

（2）产品设计提案的关键

① 用市场数据支撑提案：提供用户需求分析、行业趋势分析、竞品对比数据。

② 提供市场切入策略：让企业看到设计如何帮助他们开拓新市场。

2. 研发维度：技术实现与可行性

如果设计无法落地，企业就不会投资。

（1）企业的核心关注点

① 这个设计是否需要新的技术突破？

② 现有的技术是否能支持？是否有研发资源？

③ 研发周期是否符合企业计划？

（2）产品设计提案的关键

① 提前与研发团队沟通，确保设计可行。

② 提供技术落地方案，降低企业技术风险。

3. 制造维度：生产可行性与成本控制

一个设计再优秀的产品，如果生产难度过高，企业就不会投资。

（1）企业的核心关注点

① 这个设计能否在现有生产线上制造？

② 生产成本是否可控？材料是否易获取？

③ 是否存在制造难点，影响批量生产？

（2）产品设计提案的关键

① 在提案中提供生产工艺分析，确保企业能快速评估其可行性。

② 优化结构设计，降低制造复杂度，提高良品率。

4. 品牌维度：企业定位与长期价值

产品设计不仅影响销量，还影响品牌形象。

（1）企业的核心关注点

① 这个设计是否符合品牌定位？

② 是否能提升品牌价值，吸引新用户？

③ 会不会影响品牌的市场认知？

（2）产品设计提案的关键

① 确保设计方向与品牌战略一致，避免品牌形象偏离原有市场认知。

② 在提案中提供品牌定位分析，展示该设计如何提升品牌影响力。

③ 通过市场数据证明设计价值，让企业看到产品不仅能卖得好，还能提升品牌长期竞争力。

5. 政策维度: 法规、合作与市场准入

（1）企业的核心关注点

① 产品是否符合行业法规? 是否需要额外认证?

② 是否能获得政策扶持, 降低市场准入成本?

（2）产品设计提案的关键

① 确保方案符合行业法规, 在提案中提供合规性分析, 避免产品上市受阻。

② 明确认证流程与成本评估, 让企业清楚合规所需的时间和预算。

③ 结合政策红利, 提升提案吸引力, 如产业补贴、绿色环保认证等, 使设计方案更具市场竞争力。

 产品设计提案如何在五大维度中找到最佳平衡

目标: 让提案真正符合企业需求, 避免因某个关键维度失衡而被否决。

在前面的部分中, 我们探讨了企业评估设计提案的五大维度, 并通过案例分析了为何某些设计提案 "看起来很特别", 但最终无法被企业采纳。那么, 设计师应该如何协调五大维度, 让提案既具创新性, 又能推动企业做出决策?

实际上, 在提案过程中, 设计团队经常会遇到不同维度之间的冲突:

① 设计方案足够创新, 但产品的市场接受度不确定, 企业不敢贸然投入资源。

② 技术上可行, 但制造成本过高, 企业难以控制成本。

③ 设计符合短期流行趋势, 但品牌方担心与长期品牌战略不符。

④ 方案满足市场需求, 但因法规限制难以进入特定市场。

这些问题都表明, 设计提案不是单一强调某个维度, 而是要在市场、研发、制造、品牌和政策五个维度之间找到平衡, 让企业看到方案的综合效益。

1. 设计提案的核心作用: 确保五大维度平衡

（1）为什么 "设计好" 不代表 "企业愿意采纳"

许多设计师认为, 一个富有创意且视觉吸引力强的设计方案应该会获得企业认可。但现实情况是, 企业的决策逻辑远比 "设计美观" 复杂。

如果一个设计提案在某个关键维度上存在明显短板, 哪怕创意独特, 企业仍然可能放弃这个方案。常见的失败原因包括:

① 市场需求不明确: 企业无法确定产品是否有足够的市场潜力。

② 研发难度过高: 企业难以承担高昂的技术投入和时间成本。

③ 制造成本过高：量产难度大，风险过高。

④ 品牌不匹配：企业担心新产品影响品牌形象或长期市场定位。

⑤ 法规限制：产品即使完成设计，也可能因市场准入门槛而受限。

（2）设计师如何避免提案在某个维度上失衡

在提案阶段，设计师需要：

① 理解企业的商业目标，确保方案能真正推动企业的业务发展。

② 与市场、研发、制造、品牌、政策等部门协同沟通，收集各方意见，确保设计可落地。

③ 在提案中提供数据支撑，利用市场调研、竞品分析、技术可行性报告等内容增强企业信心。

④ 采用迭代优化的方法，如果企业对某个维度存在顾虑，提供替代方案或调整设计策略。

2. 企业常见的五大维度冲突

在产品设计提案落地过程中，五大关键维度之间往往存在冲突。

（1）市场维度：需求导向与资源现实

① 问题：市场部门强调用户需求紧迫、竞品压力大，要求尽快推出产品，但企业资源有限，难以迅速响应。

② 解决方案：

· 在提案中通过调研数据验证真实用户需求，避免盲目追新。

· 提供优先级排序，聚焦关键功能，推动"最小可行性产品（MVP）"先行落地。

（2）研发维度：创新设想与技术瓶颈

① 问题：设计方案中包含前瞻性技术或复杂结构，但研发团队认为当前技术能力或周期无法支持。

② 解决方案：

· 提供技术可行性说明，注明已有技术支撑或协作路径。

· 引入技术优化建议，分阶段实施创新内容，减少研发阻力。

（3）制造维度：美学追求与成本控制

① 问题：设计方案造型独特或结构复杂，造成模具投入高、良率低，制造成本无法接受。

② 解决方案：

· 在提案初期即介入制造评估，与供应链沟通可行性。

· 提供结构优化方案、材料替代建议，确保创意与量产平衡。

（4）品牌维度：短期流行与长期定位

① 问题：设计方案可能迎合当下热点，却偏离品牌一贯形象，引发品牌部门担忧。

② 解决方案：

· 在提案中论证设计如何延续品牌基因或激活品牌价值。

· 引入用户画像，说明该设计能拓展新客群，而非背离品牌。

（5）政策维度：市场潜力与合规风险

① 问题：产品设计满足市场需求，但涉及材料、功能、使用方式等方面可能触碰行业政策红线。

② 解决方案：

· 在提案中提前提供政策法规调研，规避合规风险。

· 提出区域化策略或产品版本区分，实现市场与政策的双赢。

3. 如何在五个维度中找到最佳平衡

为了让设计提案具备商业价值，设计师在提案中需要考虑以下方面：

① 市场维度：用数据支撑决策，验证用户需求。

② 研发维度：减少企业对技术落地的顾虑，为其提供技术优化方案。

③ 制造维度：优化结构设计，确保产品能量产且成本可控。

④ 品牌维度：论证设计方案如何提高品牌价值，而非影响品牌形象。

⑤ 政策维度：规避法规风险，利用政策红利提升竞争力。

4. 案例解析：如何调整提案，让企业愿意推进落地

本案例展示了如何在市场、技术、品牌等因素之间取得合理的取舍，使产品从"创新构想"成功转化为"企业认可"的商业化产品。

（1）初始提案：市场缺乏差异化，企业决策受阻

设计团队最初提出的电子恒温碗方案（图1.5）采用智能加热功能，在外观设计上进行优化，使其更符合现代家居风格。但市场上已有大量类似产品，该方案未能形成足够的产品差异化，核心痛点未被解决。

① 清洗不便：不可拆卸设计导致清洁困难，影响用户体验。

② 漏水风险：部分竞品存在电路板短路的问题，影响产品寿命和安全性。

图1.5　原电子恒温碗设计方案

企业决策受阻：

"市场是否真的需要这款产品？如何验证？"

"企业担心新产品的技术落地难度，制造成本是否可控？"

"如果只是外观优化，如何让产品在市场竞争中突围？"

（2）优化提案：在五大维度找到最佳平衡

面对这些挑战，设计团队调整提案，即通过五大维度优化方案，使产品设计更具竞争力，并增强企业决策信心。

① 优化产品结构，采用可拆卸内胆（图1.6），使清洁更加方便，提高用户体验。

图1.6　分层恒温电子碗设计方案

②提供市场调研数据，证明用户更倾向于易清洁设计，增强企业信心。

③优化制造方案，调整材料和制造工艺，降低企业生产成本。

④结合品牌定位，采用家庭友好型配色，使产品更符合家庭使用场景。

调整后的设计方案得到了企业认可，并最终投入市场。

（3）案例启示：如何让设计提案促使企业认可并采纳

①确保设计提案兼顾五大维度，避免因单一因素导致提案被否决。

②用数据支撑决策，让企业看到设计的实际收益，而不仅是创意价值。

③优化提案的呈现方式，让企业高层明确看到商业价值，从而提升决策信心和采纳概率。

设计提案的成功不是设计师单方面的创造，而是企业、市场、技术和商业的多方协同决策的结果。

▶▶ 三 案例解析

很多设计师觉得，设计够酷、够特别，企业就会买单。但现实是，企业更关心产品能不能卖得动、做得出、赚得到钱。以下案例展示了当设计提案与企业核心需求不匹配时，可能面临的挑战，以及如何调整方案，使其更符合企业的商业目标。

案例：婴幼儿背带设计转型——从潮流风格到温柔可靠。

1.背景

某母婴品牌计划推出一款婴幼儿背带，目标是吸引年轻父母群体。设计团队最初希望以潮流风格提升产品的时尚感，通过涂鸦元素、对比色块和独特剪裁，打造一款个性化的产品，以迎合年轻消费者的喜好。然而，这一方案在提交给企业高层后，并未获得认可。

2.设计团队的初步方案

①风格：采用潮流嘻哈风格，强调个性化设计，融入涂鸦图案、分割式造型和对比色块（图1.7）。

②色彩：以黑白主色调搭配强烈对比的图案，增强视觉冲击力，强调年轻潮流感。

③材质：使用轻量高密度面料，突出灵活性和轻便感。

图 1.7　嘻哈风格的婴幼儿背带设计案例

④ 市场反馈：

a.部分用户喜欢潮流风，但大多数父母更关注安全感和舒适度，而非个性化设计。

b.安全感不足，高对比度色彩让部分用户感到不适，难以联想到"柔和""安心"等母婴产品特质。

c.品牌契合度不够，设计风格与品牌现有的温馨调性不符，可能影响用户对品牌的信赖感。

3. 企业最终为何不接受

提案在五个维度上存在的问题如下：

① 市场维度：用户真正关注的核心需求是"安全与舒适"，而非"时尚感"。设计师的潮流风格虽然具有视觉吸引力，但没有满足用户对母婴产品的深层心理需求。

② 研发维度：潮流设计强调视觉冲击，但在支撑性、透气性和耐用性方面的考量不足，难以满足长时间使用的舒适度要求。

③ 制造维度：该方案在生产上没有重大障碍，但与现有供应链的匹配度较低，可能需要额外调整生产线，增加成本。

④ 品牌维度：母婴产品的核心价值在于"温暖、呵护、安全"，过于潮流化的设计可能削弱品牌在消费者心中的信赖感。

⑤ 政策维度：产品符合安全标准，但未能提供针对母婴市场的差异化合规亮点，如环保材料或符合特定婴幼儿产品认证标准。

最终，企业决定调整方向，提出新的需求，即"让婴幼儿背带传递温柔、可靠、安全感"。

4. 调整后的设计方案

最终方案：温柔可靠，注重安全感与舒适性。

① 风格：采用柔和曲线替代锐利线条，以多层次剪裁增加包裹感，使产品传递安全与温暖的情感。

② 色彩：从莫兰迪色系和自然色彩中汲取灵感，使产品更加贴合消费者的心理预期，传递温暖、柔、的情绪。

a.莫兰迪蓝——沉静温和。

·灵感来源：莫兰迪色系中的蓝色降低了色彩的鲜艳度，使其不刺眼、不张扬，呈现出温柔沉静的感觉。

·情感价值：相比于天空蓝的清澈，这种蓝色更具安抚性，让使用者感受到了平静和安全感。

b.蜜蜂黄+复古绿——活力与亲和。

·灵感来源：蜜蜂和森林的颜色组合，象征着自然、温暖、活力。

·情感价值：蜜蜂色传递温暖感，而复古绿则提供稳定感，两者结合适用于希望带给宝宝更多户外体验和自然探索机会的家庭。

c.熊猫灰+黑色——经典与安全。

·灵感来源：熊猫毛色的黑白搭配给人一种安全感和可靠性。

·情感价值：黑白配色简洁大气，符合稳重、可靠的家庭需求，同时黑色部分更耐脏，适合日常使用。

调整后的婴幼儿背带三种配色方案见图1.8。

图1.8 调整后的婴幼儿背带三种配色方案

③材质：

a.肩带处增加滑轨挂扣，方便调节肩带的长度，确保肩带能够紧密贴合肩部，提高稳定性。

b.隐藏式卡扣设计，防止夹伤宝宝皮肤，提升安全性。

c.柔软透气网布面料，保证舒适性，避免宝宝长时间佩戴时过热。

d.加厚底部设计，增强耐磨度，使背带更耐用。

e.颈部枕条支撑，为宝宝提供更好的头颈部保护，提高人体工学支撑力。

婴幼儿背带细节图见图1.9。

图1.9 婴幼儿背带细节图

④ 品牌适配：通过更加温和、贴近母婴用品行业特点的设计，产品更符合品牌长期战略目标。

5. 市场反馈与后续产品迭代

调整后的设计方案更贴合消费者需求，推出后迅速获得了市场认可，用户对安全性、舒适性的反馈远远优于第一版方案。

基于市场需求，公司后续推出了生肖款系列（图1.10），以增强产品的情感连接。

① 生肖图案采用精致刺绣工艺，提升质感，增强文化共鸣。

② 消费者可以选择不同生肖图案的款式，使产品具有个性化纪念意义。

图 1.10　生肖款婴幼儿背带设计方案

6. 案例启示

（1）市场需求不只是表面偏好，而是深层痛点

初版方案虽然在视觉上吸引人，但未关注到用户对母婴产品的核心关注点，即安全、舒适、品牌信赖。

设计提案必须通过市场调研，深入挖掘用户需求，确保市场匹配度。

（2）设计提案需要兼顾五大维度，确保商业化落地

仅有创新和视觉冲击力是不够的，市场、研发、制造、品牌和政策须协调一致，这样才能让企业真正认可。

（3）产品设计的成功在于"好看"，更在于"好用"

母婴产品的购买决策最终取决于信任、安全感和舒适体验，设计师需要站在用

户的角度，提供符合消费者心理需求的方案。

优化后的设计提案有效回应了企业的需求，同时还为产品提供了更清晰的市场定位，使其具备更高的商业可行性。

第三节　让提案"对准靶心"：读懂企业需求

理解企业需求只是第一步，设计师还需要进一步挖掘、验证和转化这些需求，才能确保设计方案真正符合企业的商业目标。很多时候，设计师会遇到这样的困惑："为什么我花了这么多心思做的设计，企业却觉得不合适？"或者"为什么我提出的创意在审查时总是被否定？"

企业接受一个设计提案，关键不在于创意是否独特，而在于它是否能真正匹配市场需求和商业目标。唯有深入挖掘背后的商业逻辑，结合数据验证可行性，并精准转化为具备实际落地价值的提案，才能确保方案精准匹配企业战略，真正有助于实际执行。

在本节中，我们将深入探讨：
① 如何跨部门沟通，精准获取企业的真实需求？
② 通过市场调研、用户反馈和行业数据，确保设计方向符合商业现实。
③ 如何将企业需求转化为具有市场潜力的设计提案？

 "侦探式"多角色访谈

在产品设计提案过程中，仅仅依赖企业高层的单一视角是不够的。企业内部的不同部门——市场、研发、供应链、品牌营销等各自掌握着不同的信息和决策因素，这些因素往往能揭示更深层次的项目痛点和潜在风险。如果设计师只听取高层意见，而忽略一线团队的真实反馈，提案很可能会与企业的实际需求产生偏差，导致其最终被否决。

通过多角色访谈，设计师可以全面收集企业需求，使提案建立在更完整的商业背景之上，确保方案除了满足美学和功能需求，还能精准回应企业的商业目标和落地可行性。

1. 如何精准访谈不同角色

（1）访谈企业高层/决策者：厘清商业目标

① 关键问题：

·"希望这款产品最重要的成果是什么？是利润？是市场占有率？是品牌升级？"

·"在成本、时间、品质等维度中，哪一项是最不能妥协的？"

② 目的：

·确保设计提案符合企业的商业目标，避免设计偏离核心需求。

·了解企业在市场定位、利润策略等方面的优先级，明确设计提案的价值支撑点。

（2）访谈市场/销售负责人：挖掘市场需求与竞品分析

① 关键问题：

·"当前市场或消费者的最大需求是什么？现有产品遇到的瓶颈是什么？"

·"竞品的卖点在哪里？用户普遍反馈如何？"

② 目的：

·了解市场趋势，确保设计能满足消费者真正的需求，而不是企业的"假设需求"。

·发现竞品的优势与短板，找到创新突破口，避免设计方案与现有市场脱节。

（3）访谈生产/供应链部门：确认制造可行性

① 关键问题：

·"现有工厂或供应商能支持什么样的工艺和产量？"

·"是否有强制性约束（如材料选择、工艺流程)？"

② 目的：

·了解技术可行性，确保设计方案能在当前制造体系内落地。

·规避供应链风险，如材料采购、生产周期等，避免设计方案因制造困难而被企业放弃。

（4）访谈品牌/营销团队：确保品牌战略一致性

① 关键问题：

·"企业近期或中长期的品牌定位如何？宣传方向是什么？"

·"新产品是否要与已有产品线形成关联或'组合拳'？"

② 目的：

·确保设计符合品牌形象，不会影响现有品牌认知。
·让新产品在品牌体系中找到合适的位置，提高市场竞争力。

2.高效整理访谈信息，确保需求精准

多角色访谈收集的信息量很大，如何高效整理，避免信息混乱？
（1）访谈记录整理方法

·采用表格或思维导图归类不同角色的需求，如商业目标、品牌战略、技术限制、时间/工艺等标签，以便后续快速对比。
·对于关键需求，可以进行优先级排序，确定企业真正关心的核心点。
·在访谈过程中，尽量采用开放式问题，引导受访者提供更深入的信息，而不是简单的"是/否"回答。

（2）利用图表分析访谈内容
① 表格整理法：将不同角色的需求归类，如表1.3所示。

表1.3　设计提案多角色访谈需求归类表

角色	关注重点	关键问题	需求摘要
企业高层	商业目标	目标是利润、市场占有率还是品牌升级	目标是提升品牌溢价，但不能损害品牌高端形象
市场销售	用户需求	现有产品的痛点是什么	消费者反馈产品手感不佳，希望优化材质
生产部门	制造可行性	现有供应链是否支持	现有产线可生产，但需要调整模具
品牌营销	品牌一致性	是否符合品牌调性	需要与高端系列产品保持一致，不可过于低端化

② 思维导图法：用中心点（设计提案）连接各个访谈对象，再从每个对象延伸出核心需求点，以可视化方式快速对比不同部门的诉求，找出核心冲突和优先级。

（3）如何确保访谈信息的准确性

① 二次确认：整理完访谈数据后，与企业高层复核，确保信息未被误解或遗漏。

② 数据交叉验证：结合市场调研、竞品分析、用户反馈等数据，验证访谈信息的真实性，避免企业内部的主观认知影响提案方向。

3.访谈的最终目标：统一企业需求，明确设计方向

企业内部的不同角色关注点各异，甚至存在相互冲突的需求。例如，市场团队希望增加创新功能，但供应链部门担忧制造成本过高；品牌团队强调视觉一致性，而销售团队希望迎合年轻用户调整风格。

设计师的核心任务就是在这些不同需求之间找到平衡，确保产品设计提案既符合企业的商业目标，又具备落地可行性。

如何确保提案精准契合企业需求：

① 设计提案要站在企业全局视角，既要听取高层的商业目标，也要关注研发、制造、市场等团队的实际执行难点。

② 信息整理不是简单地归纳，而是要找到真正能影响企业决策的关键因素。

③ 一个能打动企业的提案不是"面面俱到"的，而是能精准匹配企业的核心需求。

通过这种方法，设计师不仅是创意的提供者，更是企业需求的精准解读者。只有基于真实需求、商业逻辑和落地可行性的设计提案，才能真正让企业买单，并推动产品从概念走向市场。

▶ 二 用数据或事实"验证"需求

仅凭访谈得到的信息往往不足以全面了解企业需求。企业的期望与市场现实之间可能存在偏差，如果设计师仅依据企业的"主观需求"推进，而不通过数据验证，设计提案很可能偏离商业逻辑，最终被企业或市场否定。

设计提案的价值还在于用数据支撑决策。让我们通过一款带紫外线消毒功能的助眠灯案例，看看数据如何帮助设计师优化提案，使其更符合市场需求，并最终赢得企业认可。

案例：新型带紫外线消毒功能的助眠灯。

1.设计提案如何帮助企业验证市场需求

一家智能家居企业计划推出一款带有紫外线消毒功能的助眠灯，希望在助眠和

消毒两个方向找到市场突破点。然而，市场上现有的助眠灯并未涉及紫外线消毒功能，这一创新是否真正符合用户需求？是否能为企业带来竞争优势？

（1）企业的初步设想

① 市场需求假设：用户购买助眠灯的核心需求是调节情绪和改善睡眠，而紫外线消毒功能能否成为有效的附加价值？

② 竞品分析假设：市场上的助眠灯功能丰富、竞争激烈，但紫外线消毒功能仍是空白，企业是否能借此形成市场先发优势？

③ 技术挑战：如何在同一产品中实现"助眠"与"消毒"？如何确保紫外线消毒不会影响用户睡眠？

（2）设计提案的核心作用

① 通过数据分析验证市场需求的真实性，确保产品功能与用户需求匹配。

② 通过竞品分析评估产品的市场竞争力，优化产品定位。

③ 通过技术可行性分析降低研发风险，确保产品可落地。

2. 市场数据验证

用户真的需要"助眠+消毒"组合功能吗？

（1）验证方法

设计师采用以下3种市场数据验证方式，确保设计提案的合理性。

① 查看市场趋势：过去5年助眠产品的增长情况，用户关注点是什么？

② 消费者调研：用户是否对卧室空气消毒有需求？他们是否愿意为这一功能支付额外费用？

③ 用户反馈分析：现有助眠灯产品的用户痛点是什么？

（2）数据发现

① 助眠市场稳步增长，用户更关注色温调节、光效控制、渐变模拟日出日落等功能。

② 空气消毒类产品需求上升，但用户对紫外线安全性存在疑虑，部分用户担心紫外线会影响睡眠或对人体有害。

③ 价格敏感度分析，市面上助眠灯价格普遍在200～500元之间，高端产品价格上限约600元。如果加入紫外线消毒功能，就需要合理的价值解释，让用户愿意为此买单。

（3）基于数据优化设计提案

① 调整市场教育策略：强调紫外线消毒的安全性（如智能感应、定时控制），减少用户的顾虑。

② 丰富助眠功能：增加可调节光模式，满足主流用户期待，同时与竞品形成差异化。

③ 优化定价策略：价格定位在400~600元区间，结合消毒功能，吸引愿意为健康功能付费的用户。

3. 竞品分析

（1）市场上的竞品情况

目前市场上尚无"紫外线消毒+助眠"结合的产品，企业的竞品主要是普通助眠灯。因此，设计提案需要通过竞品分析，明确产品的创新价值，并找到突破点。表1.4所示为市面上主流竞品分析表。

表1.4　市面上主流竞品分析表

竞品	主要功能	价格	用户反馈	设计优化方向
A	丰富的LED灯光效果，适应不同情绪，提供沉浸式情景体验，APP端零操作睡眠管理	259元	适合用户情绪调节，但操作略复杂	增加紫外线消毒功能，并优化交互方式，减轻操作负担
B	手指触控控制，模拟自然日光，操作界面整体感更强	369元	触控操作直观，但缺少智能功能	增加智能感应系统（如定时消毒），减少手动操作
C	提供不同光色模式（红橙光等），科学助眠	499元	助眠效果不错，但个性化设置较少	结合用户需求，增加可定制光效，并融入消毒功能

（2）基于数据优化设计提案

① 采用竞品B的触控设计，提高交互体验，结合自动感应消毒模式，减轻用户的操作负担。

② 借鉴竞品C的助眠光模式，增加可调节光效选项，满足用户的不同睡眠需求。

③ 突出"健康+舒适"概念，让紫外线消毒成为产品的独特卖点。

4. 技术可行性分析

紫外线消毒+助眠光效的结合是否可行？

（1）验证方法

① 技术可行性评估：紫外线消毒是否会影响助眠光效？如何保证安全？

② 供应链分析：现有供应商是否能提供安全的紫外线灯管？

③ 成本和交付周期评估：在目标售价内，如何降低生产成本？

（2）数据发现

① 紫外线模式需在无人状态下运行，具有智能检测功能，确保房间无人时才开启，以保证安全性。

② 采用低功率LED紫外线灯管，避免过高能耗，同时满足安全标准。

③ 现有供应链可提供合适的光学透镜方案，以优化紫外线照射角度，避免光污染影响用户睡眠质量。

（3）技术可行性分析表

如表1.5所示为技术可行性分析表。

表1.5　技术可行性分析表

需求	研发可行性	供应链支持	成本控制	解决方案
紫外线消毒	需优化智能控制	供应商支持	成本提高10%	增加红外线检测功能，确保消毒模式仅在无人状态下运行
助眠光模式	现有技术成熟	供应商可提供	成本可控	采用渐变光、可调色温模式，提升用户体验

5. 数据驱动设计：优化后的提案

① 智能感应紫外线消毒，确保睡眠安全，解决了用户对紫外线的顾虑（图1.11）。

图 1.11　紫外线消毒开启状态

② 可调节光效，满足不同用户的助眠需求，提升了产品使用体验（图1.12）。

图 1.12　紫外线助眠灯关闭和开启状态

③ 价格区间设定在350~500元，结合市场趋势和供应链成本，确保产品具有竞争力。

数据是设计提案的关键支撑。最终优化后的提案成功说服企业认可其设计方向，并投入资源推进量产。

▶▶ 三 从"企业表面需求"到"真实痛点"的转化

当掌握了企业提供的信息和市场数据之后，设计师仍需进一步思考，即企业表达的需求是否就是它真正的需求？

在许多实际案例中，企业的初始需求往往只是表面现象，而真正影响产品能否进入市场的核心痛点隐藏在更深层次的商业逻辑中。设计师的任务不单单是满足企业的初步设想，更是要通过设计提案推动企业决策，影响市场策略，并帮助企业做出最优选择。

那么，如何从企业的"表面需求"深入挖掘到真正影响产品实现的"核心需求"？

以下案例展示了如何通过设计提案让企业认同设计方向、调整市场策略，并最终实现商业化落地。

案例：设计提案如何影响电动滑板车的市场落地？

1. 设计提案如何改变企业的市场策略

一家创业公司计划推出新一代电动滑板车，初步设想是：
"我们要做最炫最酷的电动滑板车！"

团队将大量精力投入潮流外观、炫酷灯光、个性化配色等方面，希望吸引年轻消费者。然而，设计团队在与线下经销商、保险公司、城市交通管理部门访谈后发现，市场的真正痛点并非"酷炫"，而是"安全性、法规合规、市场准入"。

（1）关键市场问题

① 城市滑板车必须符合安全标准，否则无法获得运营许可。

② 用户在滑行时最担心的是安全性，而不是酷炫的外观。

③ 保险公司更关注产品的可靠性，否则不会提供合作支持。

（2）如何通过设计提案影响企业决策

如果设计团队仍然按照企业初步设想推进，那么即便产品上市，也可能因市场不接受、政策不合规等原因，商业化失败。因此，设计团队需要构建一份基于市场数据、法规要求和用户需求的完整设计提案，说服企业调整方向。

（3）提案核心策略：用市场数据说服企业

① 提案展示市场调查结果，证明用户更关注安全性，而非单纯的外观。

② 通过竞品分析，指出市场上已有产品的缺陷，并展示如何通过安全优化形成竞争优势。

③ 提供基于法规的设计建议，确保产品符合政策要求，能够顺利进入市场。

最终，企业在设计提案的推动下，调整了市场策略，将产品定位从"最炫的城市共享滑板车"转变为"最安全的城市共享滑板车"。

2. 需求层次金字塔：提案如何帮助企业明确核心需求

企业最初的需求往往停留在"表面目标"，但真正决定产品能否成功的是那些隐藏在市场逻辑、成本控制和法规要求中的"深层关键点"。设计师的任务不仅是回应企业的初步需求，更要帮助他们看清市场趋势和商业现实，让提案真正成为决策的依据。

（1）需求层次金字塔解析

需求层次金字塔是一种分层解析用户或企业需求的方法，类似于马斯洛需求层次理论，强调企业的需求从表面到核心的递进关系。

① 需求层次金字塔图（图1.13）。

② 需求层次金字塔解析表（表1.6）。

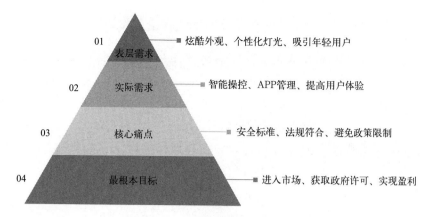

图 1.13　企业需求层次金字塔图

表 1.6　需求层次金字塔解析表

层次	需求类型	企业的具体诉求	设计团队的决策思路
表层需求	做最炫酷的电动滑板车	我们的滑板车要足够酷炫，才能吸引年轻用户	视觉吸引力虽然重要，但如果产品不具备安全性，再酷炫也不会被市场所接受
实际需求	符合市场和运营要求	希望产品能进入城市共享市场，与已有品牌竞争	设计团队意识到，市场准入才是关键，产品必须符合城市法规，否则无法商业化落地
核心痛点	解决安全隐患	必须降低事故风险，防止滑板车因不稳定导致用户受伤	设计团队调整优先级，将"安全稳定性"作为设计核心，优化减震、防侧翻、智能限速
最根本目标	进入共享出行市场，确保合规运营	如果产品无法满足政府安全标准，我们的商业模式就无法成立	设计团队明确，只有确保合规性，企业才能顺利进入市场，商业模式才可持续发展

（2）优化后的设计提案

① 通过需求层次分析，让企业清楚产品成功的关键不在于"酷炫"，而在于"市场准入"。

② 在提案中提供法规合规性方案，帮助企业规避市场风险，提高商业可行性。

③ 通过安全测试数据，在提案中展示产品优化方案，增强企业对调整方向的信心。

3."5个为什么"分析: 如何用设计提案说服企业投资

"5个为什么（The Five Whys）"方法是一种层层深入挖掘需求的分析工具，通过不断追问"为什么"，帮助设计师找到企业需求的根本动因，确保设计提案真正解决核心问题。

如图1.14所示为关于企业要推出这款滑板车的"5个为什么"。

设计师需要帮助企业思考：企业为什么要投资这个项目？为什么要调整设计？

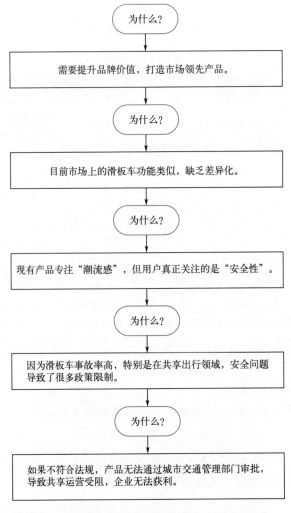

图1.14 关于企业要推出这款滑板车的"5个为什么"

最终，通过设计提案的市场数据支持和法规合规性分析，企业高层认可了调整方向，并决定投资改进版滑板车。

4."想要与必须"：设计提案如何帮助企业做选择

企业在开发产品时，常常希望"所有功能都做"，但由于资源有限，设计提案需要帮助企业明确哪些功能是核心、哪些是可选项，以优化投资回报率。

（1）对比分析表

设计提案如何帮助企业进行优先级排序？如表1.7所示为电动滑板车需求对比分析表。

表1.7　电动滑板车需求对比分析表

类别	想要（Nice-to-Have）	必须（Must-Have）
外观设计	炫酷灯光、潮流配色	结构稳固，符合安全标准
驾驶体验	APP 个性化设定、社交分享	减震设计、防侧翻、智能限速
市场推广	主打时尚潮流，吸引年轻人	获得城市交通管理部门的许可
商业化落地	定制化车型、个性化升级	满足保险公司安全评级，便于合作

（2）优化后的设计提案

① 优先保证安全合规，调整市场策略。

② 减少低优先级功能，优化预算和资源投入。

③ 通过提案展示项目价值评估，帮助企业做选择。

5. 结论：设计提案推动企业决策

① 通过需求层次分析，让企业认同设计方向，确保提案符合市场准入要求。

② 利用"5个为什么"剖析投资逻辑，让企业看到安全性比外观更具商业价值。

③ 通过"想要与必须"方法帮助企业做选择，确保投资回报率最高。

设计提案成功调整产品策略，使滑板车项目从"炫酷设计"转向"安全合规"，顺利获得企业投资，并推进商业化落地。如图1.15所示为电动滑板车最终方案，图1.16所示为电动滑板车细节图。

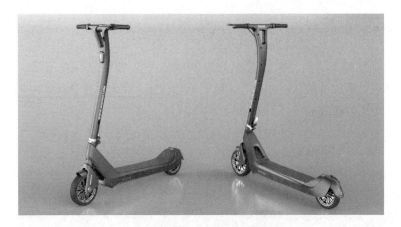

图 1.15　电动滑板车最终方案

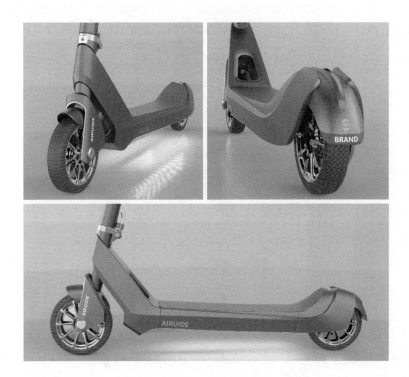

图 1.16　电动滑板车细节图

第四节　让设计提案"说清楚"：用商业语言沟通

设计师常常困惑："为什么企业总觉得设计只是'美化'，却不肯将我们的创意付诸实施？"这背后的核心问题是设计师与企业之间缺乏共同语言。

一个真正能驱动决策的提案应该基于量化数据、市场分析和可行性验证，让企业高层清楚地看到这个设计到底能不能提升市场竞争力、能不能控制成本，同时还能改善用户体验，最终实现商业目标。设计师需要的不只是"讲设计"，让设计方案获得企业认可，更在于能否用商业语言清晰地表达其市场价值，并帮助企业做出投资决策。

在本节中，我们将深入探讨：

① 如何转换表达方式，使设计提案符合企业决策逻辑，提高沟通效率？

② 如何让企业管理层快速理解设计的市场价值？

③ 如何让产品设计提案真正推动产品落地？

▶▶ 一　商业语言与设计语言：让决策层理解设计价值

如果设计师讲的是"极简风格"，但企业高层关心的是"年轻市场增长30%"，那么这个提案就已经失去了沟通效果。

（1）设计师的表达方式

"这款产品采用极简主义风格，更符合现代美学。"

"新材质带来了更舒适的触感。"

"产品的流线型结构增强了视觉动感。"

（2）企业决策层的关注点

"这能提升销售额吗？"

"市场占有率会因此增长多少？"

"对我们的品牌定位有什么帮助？"

（3）关键问题

企业关注市场表现、利润增长、成本优化，设计师则更倾向于表达美学价值、交互体验和技术创新。这种信息差，使得产品设计提案难以获得企业的信任，最终导致设计优化方案被搁置。

1. 设计语言与商业语言的转换

设计师需要用企业能理解的方式表达设计价值，如表1.8所示。

表1.8　设计语言与商业语言转换对照表

设计语言	转换后的商业语言	企业关注点
这款产品采用极简风格，更符合年轻用户的审美	市场调研显示，极简风格的产品在年轻用户群体中销售增长30%，这能帮助我们提升年轻用户市场份额	市场占有率增长
我们采用更细腻的触感材质，以提升用户体验	用户测试显示，采用柔和触感材料的产品，用户满意度提升25%，品牌忠诚度提升15%	品牌忠诚度
调整产品的结构设计，使其更加流畅	优化结构后，制造成本将降低10%，生产效率将提升15%，产品上市时间将缩短2周	降低成本和缩短上市时间
这款包装更加环保，符合可持续设计理念	绿色包装方案可降低15%包装成本，同时提升品牌环保形象，符合政府绿色补贴政策	成本节约和政策合规

2. 让设计提案跨越语言障碍

企业高层每天要处理大量业务问题，时间紧迫，如果产品设计提案表达过于复杂、设计术语过多，容易引起企业的反感。设计师需要用最直观的方式，在最短时间内传达设计的实际效益。以下是几种表达策略的建议。

（1）用场景化的方式连接设计和商业目标

企业更关注消费者的使用体验，而非设计术语。因此，提案应该围绕用户痛点展开，结合数据加以支持。

企业不关心设计师的表达，只关心消费者的感受。

·传统表达："这款调奶器的设计更符合人体工程学。"

·场景化表达："在夜间喂奶时，72%的妈妈反馈光线不足，容易误操作。我们优化了夜间照明，使操作更精准，用户满意度提高了15%。"

（2）用数据支撑设计价值，提高商业认可度

数据是企业的"语言"。"用户喜欢这个颜色"的说法不如"更换颜色后，销量增长20%"更具说服力。例如，以下两句话是具有说服力的典型。

·"用户不用再花时间学习怎么用，误操作率下降30%，售后投诉减少25%，这相当于客服成本每年节省50万元。"

·"优化后，70%的用户能在货架上更快识别品牌，购买意愿提高18%。"

（3）用"对比"增强直观感受

新旧方案对比，展示优化后如何提升用户体验、市场竞争力、成本控制能力。例如，在提案中用数据对比表，清晰呈现优化前后的关键变化（表1.9）。

表1.9　设计优化对企业价值的提升对比表

优化点	优化前	优化后	企业收益
用户体验	交互复杂、学习成本高	操作流程减少30%	降低客服成本、提高用户满意度
品牌溢价	价格敏感、溢价能力低	材质升级，用户愿意支付15%以上的溢价	提升产品利润率
制造成本	生产流程烦琐、成本高	结构优化，制造成本降低12%	节约生产成本

（4）结合企业核心目标，直击管理层痛点

企业关心市场扩展、品牌溢价、上市时间、成本节约，设计提案需要围绕这些目标展开，而非仅谈美学或功能优化。

① 错误的表达方式：

·"我们调整了产品的比例，使其视觉更和谐。"

·"这款产品采用更温暖的配色方案，带来舒适感。"

② 正确的表达方式：

·"视觉优化后，消费者购买意愿将提升18%，销售预测增长15%。"

·"用户测试显示，优化后的造型方案提升了产品的辨识度，使70%的用户能在货架上更快识别品牌。"

3. 案例：提案如何用商业语言推动企业决策

在调奶器的设计优化过程中，设计团队发现，企业决策层在评估方案时，更关注市场数据、品牌溢价和用户需求。针对这一点，团队在提案中结合数据分析与场景化表达，成功获得了企业管理层的认可，并推动了方案落地。如图1.17所示为旧款恒温调奶器。

图 1.17 旧款恒温调奶器

（1）如何通过提案让企业认同设计方向

① 企业的初步需求。

企业最初提出的需求是：

·"优化产品外观，让调奶器更具高端感。"
·"希望新设计能够帮助品牌突破中低端市场的增长瓶颈。"

但在深入调研后，设计团队发现：

·用户反馈的核心痛点不只是"外观不够高端"，还有"操作烦琐、冲泡精度不稳定、夜间使用不便"等。
·竞品分析显示，高端市场的调奶器主打"精准控温、快速溶解、智能交互"，而不仅是高端外观设计。

② 提案如何改变企业的决策思路：用数据推翻"外观升级＝高端化"的误区。

设计团队在提案中提供了市场调研数据：

·85%的用户希望调奶器能快速达到精准温度，缩短冲泡等待时间。
·72%的妈妈反馈，夜间光线不足，泡奶操作困难，希望产品具备夜间辅助照明功能。
·76%的新手父母表示，冲泡温度不准可能导致宝宝哭闹，影响睡眠质量。

③ 提案重点：

·让企业看到，用户真正关注的是操作便捷性和精准控温，而不只是外观升级。
·基于数据重新定义"高端产品"标准——不仅是视觉高端，更是体验高端。

④ 提案影响：企业管理层重新审视设计需求，决定将高端化方向从外观优化转向用户体验升级。

（2）提案如何影响企业的市场策略

① 企业的市场挑战：企业的目标是突破中低端市场的增长瓶颈，但管理层原本倾向于通过更"豪华"的外观设计来提升市场竞争力，而非进行功能优化。

② 设计提案的市场策略调整：在提案中，设计团队提供了竞品对比分析和市场机会点。

竞品对比分析：

· 现有高端市场主流产品具备±1℃精准控温、智能交互和夜间辅助功能。
· 竞品卖点围绕"精准、智能、便捷"，而非单纯的高端外观。

市场机会点：精准温控+智能交互的调奶器在高端母婴市场更具竞争力，且用户愿意支付溢价。

③ 提案影响：

· 企业决定不只是优化外观，而且要将精准控温和智能交互作为品牌升级的新方向。
· 市场策略从"外观升级"调整为"体验升级"，更符合母婴用户的核心需求。

（3）设计提案如何说服企业投资

① 企业的疑问：

· "优化这些功能后，成本增加了，我们能赚到更多的钱吗？"
· "消费者真的愿意为精准控温买单吗？"

② 通过ROI（投资回报率）分析说服企业：为了说服企业投资，设计团队在提案中引入了ROI（投资回报率）计算，展示设计优化如何影响销售增长（表1.10）。

表1.10　新旧调奶器投资回报率对比表

方案	生产成本	市场定价	预估销量	毛利润
旧款调奶器	65元/件	149元	50000件	420万元
优化后调奶器（精准控温+智能操控+夜间LED）	80元/件	199元	60000件	714万元

（4）设计提案如何帮助企业在多个方案中做出商业决策

设计团队在提案中提供了不同方案的商业可行性对比，让企业能够清晰地选择最具市场潜力的方案（表1.11）。

表 1.11　不同设计方案的商业价值评估对比

方案	核心优化点	市场反馈	商业价值
方案A：外观升级	仅优化产品外观	用户不认为外观升级能显著提升体验	竞争力有限，难以突破市场瓶颈
方案B：精准控温＋智能交互	优化精准控温、增加夜间LED	76%的用户愿意为精准控温买单	高端市场溢价高，利润增长70%
方案C：低成本优化	仅调整UI交互优化	改善有限，用户吸引力不强	无法支撑高端品牌定位

提案影响：通过对比不同方案的市场反馈和经济效益，企业最终选择方案 B（精准控温＋智能交互），并放弃外观升级的单一改进方案。恒温调奶器方案A~方案C见图1.18~图1.20。

图 1.18　恒温调奶器方案 A

图 1.19　恒温调奶器方案 B

图1.20　恒温调奶器方案C

（5）设计提案如何帮助团队达成共识

① 企业内部的分歧：在企业内部，市场、研发、生产三大部门对于设计方案有不同看法。

·市场团队：希望提升品牌定位，支持精准控温，但担心消费者是否愿意买单。

·研发团队：认为精准控温和智能交互技术成本较高，不确定企业是否愿意投入资金。

·生产团队：担心增加新功能会导致生产复杂度上升，影响交付周期。

② 设计提案如何整合团队意见：在提案中，设计团队采用数据+场景化表述方式，让各部门在同一框架下评估方案。

·市场团队：提供用户调研数据，证明用户需求。

·研发团队：提供竞品分析，展示市场趋势。

·生产团队：计算制造成本与ROI，证明投入产出比。

③ 提案影响：

·市场、研发和生产团队达成共识，统一支持优化方案，并协同推进实施。

·企业高层认可提案数据支撑，批准项目升级方案，并增加市场推广预算。

图1.21和图1.22展示了恒温调奶器在温度过高时的红灯警示状态，以及夜晚使用时的灯光显示效果。

（6）案例启示

① 企业认可设计提案是因为它能通过数据、市场竞争力分析，证明其商业价值。

② 在提案呈现过程中，设计师需要将设计语言转化为商业语言，使企业直观感受到设计对销量增长、品牌提升、成本优化和市场占有率提升的实际影响。

图 1.21　温度过高时的红灯显示状态

图 1.22　恒温调奶器夜间亮灯状态

③ 一份具有商业推动力的设计提案应该将场景化讲述、数据支撑和企业核心目标相结合，使决策层更直观地理解设计的实际效益，并增强其投资信心。

二 让企业决策层听懂设计的价值

为了让企业理解设计的真正价值并愿意投资，设计师需要通过提案影响企业的商业决策，即采用精准的沟通策略，将设计价值转化为企业熟悉的商业语言。

在产品设计提案过程中，数据、市场逻辑和商业回报必须成为有力支撑，帮助企业快速理解设计的战略意义，并据此做出投资决策。

1. 让设计语言变得"可衡量"

企业决策层的核心关注点包括以下方面。

① 销量增长：设计优化如何直接影响销售？

② 品牌溢价：是否能让消费者愿意支付更高的价格？

③ 用户体验提升：设计改进如何影响用户满意度？

④ 成本控制：设计能否优化生产流程，降低制造成本？

（1）用数据量化设计的市场价值

设计优化的商业价值量化表见表1.12。

表1.12　设计优化的商业价值量化表

设计要素	数据支撑	对企业的价值
产品外观优化	视觉吸引力提升之后，市场调研显示，70%的用户更愿意购买	提升销量、提高市场竞争力
交互体验提升	交互优化之后，用户学习成本降低了30%，提升使用便捷性	减少售后问题、提高用户黏性
材料升级	高级材质带来更好的手感，调研显示，用户愿意支付15%~20%的溢价	提升品牌溢价、提高利润率
生产工艺优化	结构优化之后，制造成本降低12%，生产效率提高15%	节约成本、提高产品利润

（2）设计提案优化点

① 避免抽象表达，如"视觉更高级、体验更顺畅"，而是用数据支持，如"70%的用户愿意购买，用户满意度提升30%"。

② 用成本节约、利润增长、市场竞争力等企业熟悉的指标说明设计如何带来商业回报。

2. 让提案影响企业的市场策略

许多企业仍然将设计视为产品的"装饰"，而非战略工具，但真正的成功品牌都通过设计形成了市场竞争壁垒。因此，在产品设计提案过程中，需要强调设计如何影响市场定位和商业策略。

（1）如何帮助企业提升市场竞争力

① 品牌溢价：设计能塑造品牌形象，让产品进入高端市场，提高定价。

② 用户体验优化：直观的交互设计能降低用户学习成本、提高用户忠诚度、提升长期复购率。

③ 市场竞争优势：差异化设计能帮助产品在同质化竞争中脱颖而出，提升消费者购买决策的可能性。

（2）如何在提案中呈现这些价值

① 提供竞品对比：展示竞品如何通过设计提升市场竞争力，强调本次设计优化的竞争优势。

② 结合市场趋势：引用行业数据，说明消费者对"高端体验""智能交互"等趋势的接受度。

③ 案例化呈现：用成功品牌案例说明设计如何直接影响市场竞争力，让企业看到可参考的商业模式。

3. 设计提案如何推动企业决策

（1）用商业逻辑驱动决策

设计师需要从企业视角出发，以商业决策思维构建设计提案，确保方案不仅具备美学价值，更能展现清晰的投资回报。

（2）设计提案如何影响企业高层的决策

① 用数据支撑方案，提供投资回报率分析。

② 结合市场趋势，让设计符合企业未来发展战略。

③ 整合各部门意见，帮助管理层做出综合决策（比如让市场、研发、生产团队达成共识）。

▶ 三 案例解析：如何让设计方案真正打动企业

为了直观展示设计如何影响企业决策并推动市场表现，我们将通过两个案例解析数据如何支撑设计决策，以及设计提案在其中的关键作用。这些案例展示了设计如何优化产品，更重要的是如何通过设计提案影响企业管理层的决策，促使他们投资并调整市场策略。

案例一：电子恒温碗（恐龙宝宝造型）。

1. 设计目标

企业原有恒温碗缺乏市场竞争力，销量增长缓慢。设计团队希望通过情感化设计+用户体验优化，提升产品吸引力，并提高销量和品牌溢价。图1.23为旧款电子恒温碗。

图1.23　旧款电子恒温碗

2. 设计提案如何推动企业决策

设计团队不是直接修改产品，而是通过设计提案让企业重新审视市场机会，并用商业逻辑推动企业决策调整。

（1）市场背景分析

① 产品痛点：现有恒温碗市场产品同质化严重，缺乏差异化卖点。

② 用户调研：76%的家长更倾向于购买趣味性儿童餐具，以提升孩子用餐兴趣。

③ 竞品分析：市场上大多数恒温碗功能类似，但缺乏创新交互体验，竞争力弱。

（2）设计提案构建

① 企业原有认知（企业角度）："我们只需要改进外观，让它看起来更高级就够了。"

② 设计团队提案（设计角度）："市场数据显示，情感化设计+交互优化才是真正提升销量和溢价的关键。"

③设计方案：

·情感化设计：采用"拿着彩球跳舞的恐龙宝宝"造型（图1.24），增强产品的趣味性和亲和力，提升品牌吸引力。

图1.24　恐龙宝宝造型电子恒温碗

·智能温感变色：当温度过高时，屏幕显示红色（图1.25），达到恒温（40~45℃）后变为黄色（图1.26），关闭状态时为原色，提高安全性和互动感，提升用户体验。

图1.25　高温状态的电子恒温碗　　　图1.26　恒温状态的电子恒温碗

·优化材料和造型：调整碗体结构，使宝宝更容易抓握，降低误操作风险。

3. 设计提案如何说服企业投资

（1）企业管理层的核心疑问
"这些优化真的能带来更多销量吗？"

"增加情感化设计和智能交互会不会提升制造成本，影响利润？"

为了让企业认可设计方向，设计团队在提案中提供了ROI（投资回报率）分析，如表1.13所示。

表1.13　设计优化方案的投资回报率（ROI）对比表

方案	生产成本	市场定价	预期销量	预期毛利润
旧款恒温碗	55元/件	129元	30000件	222万
优化后恐龙宝宝恒温碗（预期）	65元/件	159元	40000件	376万

（2）ROI计算结论

① 生产成本虽每件增加了10元，但市场溢价每件将提升30元，利润将大幅增长。

② 智能交互功能增加用户黏性，提升品牌认知度，提高长期复购率。

③ 市场成果：销量增长了45%，实际销售43500件，超出预期目标。

4. 设计提案的作用

在整个项目推进过程中，设计提案是推动企业决策的关键工具。团队通过视觉化呈现恐龙宝宝造型与智能温感功能，结合市场调研数据和ROI分析，企业能直观地理解设计优化的市场价值。最终，设计提案成功推动企业决策，使优化方案成为品牌战略的一部分。

案例二：兔子主题系列化婴幼儿用品。

1. 设计背景

最初，设计团队为企业打造了一款兔子主题三层奶粉盒（图1.27），但由于产品单一，用户购买后缺乏复购动力，品牌黏性较弱。因此，企业希望继续推出新品，提升市场竞争力和用户忠诚度。

2. 设计提案如何影响企业市场策略

（1）企业原有策略（企业角度）

"我们要继续推出独立单品，提高产品销量。"

（2）设计团队提案（设计角度）

"单品竞争力有限，应该打造系列化产品矩阵，提升用户复购率。"

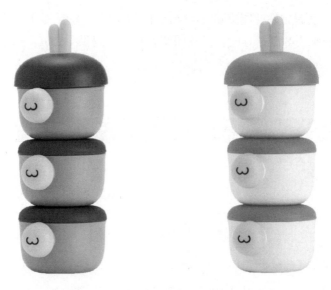

图 1.27　兔子主题三层奶粉盒

（3）品牌升级策略

① 品牌视觉统一：采用"兔子"作为品牌 IP（图 1.28），让所有产品共享设计语言，提升品牌认知度。

② 产品系列化拓展：从单一奶粉盒扩展为全套婴幼儿餐具系列（图 1.29），增强产品生态。

图 1.28　新设计的"兔子"IP 形象

图 1.29 系列化后的兔子主题产品组合

③ 打造长期品牌价值：形成品牌故事，建立"兔子"温暖、陪伴、童趣的品牌形象，增加用户情感连接。

3. 设计提案如何提升客单价

（1）企业管理层担心

"系列化产品会不会增加生产和营销成本？"

"消费者真的愿意为品牌化套餐买单吗？"

为了说服企业，设计团队提供了市场数据支持。用户反馈与商业价值评估表见表1.14。

表 1.14　用户反馈与商业价值评估表

优化点	用户反馈	商业价值
系列化设计	83%的家长更倾向于购买成套婴幼儿用品	提高品牌认知度、增加用户忠诚度
捆绑销售策略	套餐购买转化率将提高25%	提高客单价和品牌市场占有率

（2）企业决策

采用套餐销售策略，让消费者不只是购买奶粉盒，而且是购买一整套育儿用品。

4. 设计提案如何帮助团队达成共识

（1）不同部门对品牌系列化战略存在分歧

① 市场团队：认为系列化有利于品牌长期发展，但短期利润不确定。

② 生产团队：担心多产品线增加制造成本。

③ 销售团队：担心单品销量下降，影响短期业绩。

（2）设计团队在提案中具有以下作用

① 提供数据分析，证明系列化如何提升市场占有率和利润增长点。

② 计算成本与收益，让生产部门看到系列化不会过度增加制造负担。

③ 提供营销策略，帮助销售团队通过套餐销售提高转化率。

最终结果：企业决策层认可系列化战略，推动品牌矩阵升级，市场份额增长40%。

图1.30为"兔子"注水保温碗的销售海报图。

图1.30　"兔子"注水保温碗销售海报图

5. 结论：设计提案如何让企业做出积极决策

设计提案的作用是帮助企业做出数据驱动的商业决策。

通过市场数据、ROI计算、用户调研，让设计价值变得可衡量，增强企业投资信心。

设计提案不仅能优化产品，更能影响企业的市场策略和品牌定位，助力商业价值的实现。

02

第二章

构建提案：从创意到完整方案

引言

　　创意是设计的起点，但如果无法落地，它就只是"想法"，而不是"方案"。企业不会为创意本身投资，而是为其能带来实际回报的设计提案提供资金支持。因此，设计师需要掌握如何将创意转化为结构清晰、逻辑严密、数据充分的设计提案，确保企业不仅能理解，更愿意投入资源去实现它。

第一节　将创意变成有说服力的提案

在设计领域，创意的价值毋庸置疑，但一个再天才的想法如果无法落地，最终也只能停留在概念阶段。许多设计师在灵感爆发时，会认为"只要创意足够新颖，企业就会采纳"，但现实是，创意再好，企业也得先算账：有没有市场？能不能量产？投了钱多久能回本？

许多创意产品在概念阶段看似惊艳，但最终难以落地，其核心原因往往在于市场、成本或供应链的问题。企业不会因为创意而掏钱，他们更愿意为市场机会和实际回报买单。

在本节中，我们将深入探讨：

① 好创意为何未必能打动企业？

② 从"灵感"到"提案"，如何让创意更具商业吸引力？

③ 怎样让"好创意"真正转化为"好提案"？

▶▶ ● 一　为何好创意难打动企业

许多设计师在提案时常常面临如下的困惑。

"这款设计明明很有创意，为什么企业不愿意生产？"

"我们的方案用户一定会喜欢，但企业高层却觉得风险太大。"

"这个创新点很独特，可为什么最终被竞争对手的方案取代了？"

这些问题的本质在于，企业不会单凭创意做决定，他们更关心产品能不能卖、能不能做、能不能盈利。以下是企业拒绝创意的几个常见原因。

1. 市场需求不明确

企业不投资"独特"的产品，他们投资"有市场、有回报"的产品。一个创意的独特性未必意味着其市场需求足够强烈。许多设计师在提案时会强调创意的"独特性"或"差异化"，但如果市场尚未成熟，或者用户需求并不强烈，企业往往不会贸然投入资源去推广。

2020年，Lululemon推出了Mirror智能健身镜（图2.1），希望通过AI与在线课程打造家庭健身体验，但由于高昂的价格和用户习惯限制，市场接受度低。

图 2.1　Mirror 智能健身镜

（1）常见误区

① 设计师认为"没有的东西就是创新"，但市场可能并没有足够的需求。

② 过度聚焦创新点，而忽略用户的实际痛点。

（2）解决方法探讨

① 通过用户调研、竞品分析和市场趋势研究，确保创意符合实际需求。

② 在提案中提供明确的数据支持，例如，80% 的用户在使用类似产品时会遇到某个痛点，我们的方案能有效解决这个问题。

③ 关注企业目标，确保创新不仅是"好看好玩"，更是"有市场潜力"。

2. 商业逻辑不清晰

企业需要的是可落地的盈利模式。设计师关注的是产品的形态、交互和体验，但企业的核心考量是："这款产品能不能赚钱？"如果一个创意无法被证明能带来商业回报，企业自然不会投资。

失败案例：2023 年，Nothing 推出了全透明屏幕概念手机（图2.2）。它以透明设计为品牌特色，展示了一款全透明屏幕概念手机，虽然外观极具未来感，但由于生产成本过高、显示效果受限、耐用性问题，最终未能量产，仅停留在概念阶段。

图 2.2　Nothing 全透明屏幕概念手机

　　成功案例：2017 年，Apple 推出了 Face ID。虽然 3D 面部识别技术最初也被视为"酷炫功能"，但它不仅提升了用户解锁体验，还增强了安全性，同时推动了移动支付和身份验证的发展，为企业带来了实际商业价值。

　　（1）企业关心的商业问题

　　① 目标用户群体是否明确？是否有足够的消费能力？

　　② 成本和定价策略是否合理？企业是否能够获得足够的利润空间？

　　③ 生产工艺是否成熟？现有供应链能否支持大规模量产？

　　④ 推广和销售的方式是什么？市场教育成本是否过高？

　　（2）常见误区

　　① 只谈创意本身，而不讨论成本、供应链、销售策略。

　　② 过于理想化，没有考虑企业的资源和生产能力。

　　③ 没有提供足够的市场数据和案例支撑，导致企业无法评估商业可行性。

　　（3）解决方法探讨

　　① 在提案中加入成本分析、供应链可行性、销售渠道规划等内容，让企业看到"创意如何变成商业成功"。

　　② 用数据而不是"感觉"来说服企业。

　　③ 强调设计对品牌和市场的贡献，例如，如何帮助企业进入新市场、吸引年轻用户等。

3. 品牌战略不匹配

（1）品牌战略匹配的原因

企业有自己的定位，而不是无条件地接受创新。一个品牌有自己的市场定位，如果创意和品牌调性不符，即使再创新，也可能被企业否决。企业不会随便推出新产品，它必须符合品牌调性，目标用户愿意购买，产品线也能接得上。

（2）解决方法探讨

① 在提案前，深入研究企业的品牌定位、核心价值观和目标用户。

② 确保创意能够强化品牌形象，而不是偏离企业的市场战略。

4. 风险过高

企业不喜欢冒险，更愿意投资市场验证过的东西。企业通常不愿意投资看似"有趣但不稳定"的想法，而是更倾向于已有市场验证的创新方向。高风险意味着高投入，企业在面对完全陌生的创新时，往往会持谨慎态度。

（1）高风险创新的典型特征

① 需要大量市场教育成本（用户不理解，推广成本高）。

② 生产工艺复杂，供应链难以适应。

③ 缺乏成熟的竞品验证，企业无法评估成功概率。

失败案例：2016年，Dyson推出了电动车项目。Dyson以创新吸尘器和吹风机闻名，曾投入25亿英镑研发电动车。然而，由于电池技术尚未达到成本可控且续航稳定，供应链成本过高，市场竞争激烈，该项目最终于2019年被取消。尽管技术上可行，但短期内无法与现有汽车巨头竞争。

成功案例：特斯拉的自动驾驶系统研发。尽管完全自动驾驶（L5级）尚未成熟，但特斯拉采用"渐进式创新"策略，先推出了Autopilot辅助驾驶功能，逐步迭代至FSD（全自动驾驶），让市场在技术发展过程中逐步适应，最终形成竞争优势。

（2）解决方法探讨

① 降低企业的决策风险：在提案中提供用户测试数据、原型验证结果、竞品市场表现，让企业更有信心。

② 采取渐进式创新：与其提出完全颠覆性的创意，不如先优化现有产品，在可控范围内增加创新点。

③ 提供分阶段实施方案：例如"我们可以先进行小规模测试，如果用户反馈好再逐步推广"。

创意再好，企业不投钱，它就只能停留在概念阶段。而设计提案的作用就是通过市场需求分析、商业可行性评估、品牌策略匹配等，将创意打磨成企业愿意投资的方案，真正推动产品从构想到落地。

▶▶ ● 二 从"灵感"到"提案"：让创意赢得认可

创意如何变得更具商业吸引力？一个创意要想从灵感阶段进入企业决策层的视野，不能仅仅停留在"想法很酷"或"用户应该会喜欢"这样的层面，而是需要经过系统化的商业化转化，最终成为一份让企业看到投资价值的设计提案。

设计提案不是在包装创意，而是在向企业证明，这个创意能带来市场增长和利润。

1. 市场验证：让创意符合市场需求

企业的投资决策基于市场需求和销量预期，而非主观直觉。因此，在制定提案前，设计师必须用数据和事实支撑创意，确保方案具备实际可行性。

（1）市场调研：创意是否切中了真实需求

市场验证不是选项，而是让企业买单的唯一前提。为了让创意具备商业可信度，可以从以下几个方面进行市场验证。

① 用户调研：

· 目标用户是谁？他们在使用现有产品时遇到了什么问题？

· 他们的购买决策因素是什么？价格、功能、品牌还是外观？

· 有没有高频且未被满足的痛点？

② 竞品分析：

· 市面上有类似的产品吗？如果有，它们的优缺点是什么？

· 我们的创意如何与竞品形成差异化？

· 竞品的市场反馈如何？消费者最关注哪些改进点？

③ 趋势研究：

· 该品类的市场规模是否在增长？是否符合当前消费趋势？

· 未来3~5年内，行业是否有政策、技术、消费习惯变化的可能？

（2）案例：足疗机的市场验证与优化

在一个设计提案案例中，团队通过调研发现，原有的足疗机产品主要面向老年用户，销售渠道集中在传统医疗器械店。尽管市场有一定的需求，但增长缓慢，产品形象也局限于中老年保健设备。设计团队希望通过优化方案，将产品拓展至运动爱好者（年轻白领）等高消费潜力群体，以扩大市场份额。

提案策略：用数据驱动市场决策，精准定位新用户。

① 市场细分分析，找到潜在用户。

85%的上班族和经常出差的人群表示有足部放松需求，尤其是在工作压力大、长时间站立或久坐的情况下。

目前市场上的足疗产品以体积大、不便携为主，缺乏适合年轻群体的轻量化、智能化解决方案。

② 案例对比，借鉴成功的市场拓展策略。

以智能按摩椅的成功转型为例，过去按摩椅市场同样集中于中老年人群，但部分品牌通过家居化设计、智能化交互、时尚外观，使产品吸引了大量年轻消费者，并进入了高端家电市场。

足疗机可以借鉴这一策略，在设计上强调轻便、智能、时尚，同时增加符合年轻人使用场景的功能，如可折叠设计、APP控制等。优化前后足疗机对比图见图2.3。

图2.3 优化前后足疗机对比图

③ 优化销售渠道，打破传统营销壁垒。

传统医疗器械店的销售模式已经不能满足年轻消费群体的购物习惯，提案建议企业拓展线上渠道，包括电商平台购买、社交媒体营销、自媒体"种草"，并在精品家电零售店进行线下展示，以提升产品的曝光度和品牌形象。

通过数据分析，电商平台用户对便携式健康产品的搜索量和购买率逐年增长，特别是在运动健身（包括都市白领）群体中增长尤为突出。

④ 调整市场策略，提升产品竞争力。

在设计层面，企业决定采用更符合年轻人需求的产品设计，使足疗机更轻巧、便携，并提升智能体验。

在市场推广上，营销重心从传统医疗器械渠道转向"电商+社交媒体"，并加大在年轻消费群体中的品牌传播力度。

通过数据支撑决策，而不是依赖主观判断，企业在市场推广上更加精准，最终产品的销售额在电商平台提升了近40%。

这正是产品设计提案的价值，它是基于数据和市场分析的商业决策支持。通过精准的数据呈现，企业能够理性评估方案，确保每次产品优化都有清晰的市场方向和增长潜力。

2. 商业包装：让企业看到可行性

在提案中，必须清晰地展示创意的商业价值，回答企业在乎的问题：

"这款产品能赚钱吗？"

"市场有多大？未来增长空间如何？"

"投资回报率是多少？"

"生产和供应链能否支撑？"

为了让提案更具商业支撑，可以从以下几个方面量化商业价值：

① 市场规模预测：目标市场的潜在用户有多少？如果能占据一定市场份额，预计销售量是多少？

② 成本与定价分析：材料成本、生产成本、物流成本各是多少？合理的市场定价如何设定？

③ 投资回报率（ROI）：企业在产品研发和营销方面的投入多久能回本？盈利模式是否可持续？

④ 供应链可行性：这个创意能否被现有的制造工艺实现？是否需要额外的技术投入？

在设计提案中，"可行性分析"就是给企业吃下的"定心丸"，让他们知道投资这个创意会带来收益。

3. 设计策略：让提案具备竞争力

即使一个创意具备市场需求和商业可行性，也未必能让企业买单。因为企业还会有以下问题：

"这个创意和市场上的产品相比，竞争优势在哪里？"

"为什么要选这个方案，而不是别的？"

（1）让提案与企业战略匹配

企业不会单独考虑一个产品，而是会评估它是否符合品牌的长期规划。因此，设计提案必须明确：

① 这个创意如何帮助企业开拓新市场、吸引新用户？

② 是否与企业现有产品形成互补，而不是直接竞争？

③ 是否符合企业的品牌定位，能否强化品牌形象？

（2）竞争分析：如何突出核心优势

设计提案要有清晰的竞争策略，让企业看到它的市场竞争力。

① 价格与价值：比竞品便宜？更具性价比？还是提供更高端的体验？

② 功能与体验：能否提供比竞品更好的用户体验？是否解决了现有产品的痛点？

③ 设计与营销：设计本身是否具备传播性？能否让产品更容易被市场接受？

三 案例解析：如何让"好创意"变成"好提案"

创意本身并不能直接转化为市场成功，构建一份能够推动落地的设计提案是首要条件。通过案例分析，我们可以看到哪些因素导致创意被拒绝，哪些策略能让企业愿意投资。

1. 失败案例

（1）案例背景

设计团队推出了一款极具趣味性的儿童餐具（图2.4~图2.6），采用企鹅仿生设计，将"蛋壳孕育新生"作为产品概念，增强情感连接。餐具的磁吸固定设计提升了收纳便利性，同时让用餐更具互动性。团队认为，这款产品凭借独特的创意能够打动企业和投资人，成为儿童市场的畅销品。然而，在与企业洽谈时，提案却未能获得认可，产品最终未能落地。

图2.4　表情丰富的不同配色方案

图 2.5　儿童趣味组合餐具设计

图 2.6　儿童趣味组合餐具设计细节部分

（2）为什么创意没能变成好提案

① 创意有趣，但市场需求不明确。

团队在提案中强调了设计的趣味性和创新性，但未能提供市场数据证明年轻父母是否真的愿意为"趣味设计"买单。企业需要看到实际用户需求的支撑，而不是仅凭创意本身做决策。

② 缺少商业可行性分析。

提案过度聚焦于设计理念，却缺乏对商业模式、销售渠道和定价策略的完整规划。企业无法判断这款产品适合哪个市场定位（高端儿童餐具、玩具市场、日用百货），因而难以评估投资回报。

③ 没有竞品分析，未凸显产品竞争优势。

市场上已有众多儿童餐具品牌，其中不乏带有防洒设计、硅胶材质、分隔功能等实用创新点。而该提案没有对竞品进行深入研究，企业看不出它在市场上的差异化价值。

④ 忽略成本与落地问题。

产品设计精美，但提案中未能充分说明生产工艺、供应链可行性和成本控制策略。磁吸设计和复杂结构可能导致制造成本高，企业担忧市场定价是否能支撑成本，而团队并未在提案中提供清晰的成本收益分析。

（3）失败教训：为什么企业不会接受这样的提案

① 创意只是起点，不能替代完整的商业分析和市场论证。

② 合格的提案需要用数据和商业逻辑支撑决策，而不只是有趣的设计。

③ 市场、竞品、成本、用户需求缺一不可，否则再好的创意也难以被企业采纳。

2. 成功案例

（1）案例背景

一家儿童用品品牌计划推出新的儿童餐具，但市场上同类产品竞争激烈，企业对新产品的投入持谨慎态度。设计团队结合"小红帽"IP形象（图2.7），打造了一系列趣味化与功能性兼具的儿童餐具（图2.8），包括注水保温碗、奶粉盒、牛奶杯、汤碗等。通过精准的市场定位和完整的商业分析，最终成功打动企业，产品得以顺利上市。

图2.7 "小红帽"IP形象

（2）如何让创意变成好提案

① 精准的市场洞察：设计团队深入研究家长在选择儿童餐具时的真实需求，并结合趋势进行了分析。

图2.8 "小红帽"系列儿童餐具产品

70%的家长在选购儿童餐具时，除了安全性，也关注趣味性与互动体验，希望通过有吸引力的设计提升孩子的用餐兴趣。

近年来，IP授权儿童产品的市场增长率达15%，表明带有故事背景和品牌认同的产品更具市场竞争力。

② 商业价值清晰：设计团队在提案中用数据论证市场潜力。

· 儿童专用餐具市场年增长率达12%，家长对品质高、功能性强的餐具有更高的接受度。

· 设计团队分析了IP联名餐具的溢价能力，并提出如何通过品牌营销放大"小红帽"IP价值，为企业提供商业推广策略。

③ 差异化设计：提案中不仅介绍了产品创意，还突出了功能升级，与市场上现有产品形成了竞争优势。

· 小红帽IP形象：通过可爱的童话形象设计，产品更具故事感，增强了儿童与产品之间的情感连接。

· 注水保温功能：区别于普通儿童餐具，保温碗可注水，延长食物保温时间，以满足不同年龄段孩子的需求。

· 系列化产品设计：从奶粉盒到汤碗，满足儿童不同阶段的饮食需求，形成产品矩阵，提高复购率。

④ 生产成本可控：设计团队在提案中提供了完整的供应链与生产成本评估。

·采用标准化食品级材料，符合安全标准，避免企业额外投入成本进行材质验证。

·结构设计符合现有生产线，企业可以在不增加供应链复杂度的前提下进行量产，降低市场投入风险。

（3）最终成果

① 企业认可了提案，并在推广中重点塑造"小红帽IP＋功能性儿童餐具"的核心卖点。

② 上市首月销售额超出企业预期180%，在社交媒体上获得了大量家长推荐，成为儿童用品市场的热门产品。

③ 通过IP故事营销，提升了品牌认知度，提高了产品复购率，形成了长线产品战略。

（4）成功经验：为什么这个提案打动了企业

① 市场需求明确：通过调研和数据分析，证明了儿童餐具市场对趣味性与功能性的双重需求。

② 商业模式扎实：提案中提供了市场数据、销售策略与品牌营销方案，增强了企业投资的信心。

③ 可落地执行：设计方案符合企业生产能力，量产可行，市场推广成本可控，降低了企业风险。

第二节　让企业看到价值：提升提案的影响力

企业不只看设计新不新，更关心它能不能提升销量和品牌影响力，从而带来实际收益。换句话说，一个能推动企业决策的设计提案，必须直击商业核心，让企业看到市场机会和投资收益。

企业决策者希望快速看到设计的市场价值，否则提案可能会被忽略，甚至被认为缺乏落地可行性。那么，如何让设计提案精准打动决策层，让企业愿意为它投资？

在本节中，我们将深入探讨：

① 让决策层看到市场机会，精准地打动他们的关注点。

② 用清晰直观的方式呈现设计价值，让企业"秒懂"价值。

③ 如何构建完整的商业逻辑，让企业相信这个设计值得投资？

▶ ─ 设计提案如何精准打动决策层

一个能打动企业的产品设计提案必须精准回应企业关心的核心问题，并在市场价值、商业可行性和竞争优势方面提供有力支撑。以下是企业在评估设计提案时会关注的关键问题，以及设计师在提案中需要重点回答的问题。

1. 这个设计能增加销量吗？市场是否真的需要

企业最关切的核心问题是：设计是否能直接提升销量和市场竞争力，或创造新的增长点？ 如果设计仅是美学创新，而缺乏市场需求支撑，即使再独特，也难以让企业接受。

设计提案需回答的问题：

① 设计是否基于市场调研？目标用户是否愿意为此买单？

② 相比于现有产品，它是否能提供更强的竞争力？

③ 是否有用户反馈、市场趋势或竞品分析支撑设计对销量的影响？

案例：按摩枕的视觉优化与人机交互改进。

（1）案例背景

某品牌的按摩枕已在市场销售多年，尽管用户认可其按摩功能，但产品在视觉吸引力、操作便捷性和舒适度方面存在不足，导致市场增长趋缓。品牌方希望通过设计优化，提升产品的市场竞争力，并吸引更多的新用户。但在决策前，他们关注以下问题：

① 是否真的需要重新设计？市场有足够的需求吗？

② 优化设计后，能否带来实际销量的增长？

③ 新设计能否提升品牌竞争力，使其与竞品形成差异化？

设计团队在提案阶段，通过市场调研、用户反馈和竞品对标分析向企业展示了设计调整的投资回报，并成功推动了企业采纳方案，推动了新产品上市。

（2）用户痛点洞察

如何影响企业的市场策略？市场调研发现，用户的主要痛点如下：

① 外观设计老旧，市场吸引力不足：尽管产品符合人体工程学，但整体造型过于传统，与现代家居风格不匹配，难以吸引新用户。

② 按键操作不便，影响使用体验：原产品按键位置较偏，用户在按摩过程中

不易触达，且调整模式不够直观，影响使用效率。

③ 材质舒适度不足，降低用户满意度：原产品（图2.9）采用普通PU材质，用户反馈长时间使用时手感偏硬，亲肤性较差。

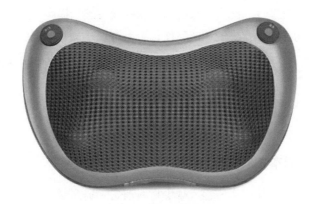

图2.9　原按摩枕产品

（3）设计提案优化策略

① 视觉升级，提高市场吸引力：优化外观造型，采用更流畅的"红豆造型"（图2.10），提升视觉亲和力，使其符合现代家居风格，同时提升品牌的识别度。

图2.10　红豆造型按摩枕

对比方案：提案提供两种不同的外观设计方案，并通过用户测试验证哪种更受市场欢迎，帮助企业做出理性决策。

② 交互优化，提升用户体验：调整按键布局，将按键移动到更符合人体工程

学的位置，使用户在按摩过程中可以更轻松地调整模式，提高操作便捷性。

对比方案：在提案中展示传统按键与新设计的交互测试对比结果，让企业直观感受到优化后体验显著得到了提升。

③ 材质升级，增强产品竞争力：采用亲肤材质，由原PU材质升级为更柔软的材质，提高了触感舒适度，减少了长时间使用的疲劳感，提高了用户满意度。

（4）提案成功推动企业决策，产品优化后上市

① 企业接受了设计方案，并增加了推广预算，产品上市后销量增长35%，超出了市场预期。

② 优化设计使品牌形象焕然一新，提高了年轻消费者的购买率，进一步扩大了市场占有率。

2. 这个设计成本如何? 能否带来利润

如果一个设计能优化生产流程、减少材料浪费、提高制造效率，那么即使售价不变，企业仍然能够提升利润。

设计提案需要回答的问题：

① 是否优化了材料、生产工艺或供应链，使成本更具竞争力?

② 设计是否提高了生产效率，降低了制造复杂度?

③ 产品是否易于维护，降低了售后成本?

案例: 如何通过工艺优化提升足浴盆的市场竞争力?

（1）案例背景

某品牌的足浴盆已在市场销售多年，虽然功能稳定，但外观缺乏新鲜感、交互体验不直观、材质未能匹配高端市场，导致品牌在年轻消费群体中的吸引力下降。企业希望通过设计优化，提升产品竞争力，同时控制制造成本。但在投资决策前，他们关注的核心问题是：

① 设计升级是否会提高制造成本?

② 新设计能否提升生产效率，提高ROI?

③ 优化后的产品能否带来更高的市场溢价?

设计团队在提案阶段通过市场调研、用户反馈和生产成本分析，展示了设计优化的经济回报，并成功说服企业投资，使新产品顺利落地。

（2）市场痛点洞察

市场调研发现，产品的主要痛点如下：

① 外观缺乏新鲜感：传统足浴盆（图2.11）大多采用白色ABS材质，缺少科技感，与现代家居风格不匹配，影响消费者的购买决策。

② 操作方式较传统：旋钮控制方式较老旧，交互体验不够直观，部分用户反馈操作不便，易误触或调节不精准。

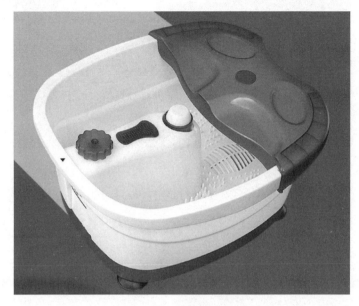

图 2.11　原足浴盆产品

（3）设计提案优化策略

① 材质优化，提高市场溢价：由传统白色ABS变为透明ABS材质，增强科技感，提高产品视觉高级感，使其更符合现代家居美学。

对比方案：提供不同材质对用户感知和生产成本的影响分析，让企业明确材质升级的实际效益。

② 交互优化，提升用户体验：由旋钮控制变为触控数显面板，优化用户操作流程，使功能切换更便捷，减少误操作，提高使用便捷性；调整触控灵敏度，优化湿手环境下的操作体验，减少用户反馈中的使用痛点，提高产品实用性。

对比方案：提案中展示触控与旋钮的测试对比，通过用户偏好数据增强企业对新交互方式的信心。

③ 生产工艺优化：

· 结构优化：减少冗余设计，使装配流程更精简，提高生产效率。

· 优化注塑工艺：减少材料使用，使产品更轻量化，同时保持耐用性。

优化后的足浴盆产品见图2.12。

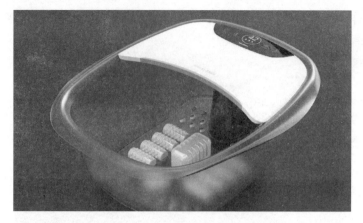

图 2.12   优化后的足浴盆产品

足浴盆优化前后对比表见表2.1。

表 2.1   足浴盆优化前后对比表

设计调整	生产效率变化	用户体验变化	市场反馈
传统白色ABS→透明ABS	视觉高级感增强	更具科技感	提升产品竞争力
旋钮控制→触控数显	操作更便捷	提升交互体验	提高用户满意度
触控灵敏度调整	提升操作精准度	更适应湿手环境	增强产品实用性

（4）提案成功推动企业决策，产品优化后上市

① 产品外观和交互升级后，市场销量增长30%，用户满意度得到了提升。

② 产品通过升级，在年轻消费群体中提升了市场影响力。

3. 这个设计是否符合企业的品牌定位

企业在推出新产品时，不仅要考虑销量和成本，还要确保新产品不会破坏现有品牌的市场认知。一个优秀的设计提案应帮助品牌建立独特的市场认知，增加品牌记忆点，并与目标用户建立情感连接。

设计提案需要回答的问题：

① 设计是否强化了品牌的市场认知，而不是与现有品牌形象脱节？

② 是否能通过独特的设计语言，形成了品牌专属的产品体系，并提高了品牌溢价？

③ 是否符合品牌的长期发展战略，是否具备可持续拓展的设计体系？

案例：新品牌婴幼儿用品的视觉体系构建。

（1）案例背景

如何确保新产品符合品牌定位？某新创立的婴幼儿品牌计划推出一系列婴幼儿饮食用品，涵盖三层奶粉盒、辅食碗、注水保温碗等。品牌希望通过清晰的品牌视觉体系，形成统一的市场认知，同时进行差异化竞争，提升品牌在婴幼儿用品市场的影响力。

品牌方在决策前，需要解决以下核心问题：

① 新产品是否与品牌现有形象一致，能否强化品牌认知？

② 设计能否形成独特的品牌视觉语言，提高品牌溢价？

③ 品牌视觉体系是否具备可持续拓展性，支持未来新产品开发？

设计团队在提案中通过品牌视觉策略、用户研究和产品体系构建向企业展示了品牌一致性的重要性，并成功推动了方案落地。

（2）品牌策略调研要点分析

如何影响品牌市场策略？市场调研发现，婴幼儿用品品牌成功的关键在于以下三点：

① 品牌视觉识别度：统一的产品形态和配色有助于提升品牌认知度，增加消费者的记忆点。

② 品牌情感价值：童趣化、亲和力强的设计能与用户建立有效信任，提高品牌忠诚度。

③ 品牌的长期拓展性：一个可拓展的设计体系使品牌能够快速进入更多产品品类，持续增长。

（3）设计提案优化策略

① 建立品牌识别度，打造统一的视觉语言。

·形态语言：提取柔和、有机的设计语言，通过圆润、亲和的外观，产品更符合婴幼儿的使用场景。

·核心视觉元素：采用南瓜形态元素，将品牌标识性特征融入产品造型，使品牌更具专属感和辨识度。

·统一配色方案：采用清新绿、现代蓝等配色方案，适应不同用户偏好，增加品牌记忆点。

② 强化品牌情感价值，与用户建立情感连接。

·童趣化设计：增加拟人化、趣味化元素，让产品更具互动感，拉近品牌与用户的距离。

·用户体验优化：在奶粉盒旋钮、保温碗盖等细节加入品牌独特的球形把手元素，不仅提升了操作便利性，也让品牌视觉更加统一。

③ 提升产品溢价能力，使品牌更具市场竞争力。

·高品质安全材料：选用食品级PP（聚丙烯）、硅胶，确保安全性，同时提升整体产品质感，使品牌定位更贴合高端婴幼儿市场。

·可拓展的产品体系：保持核心形态语言的一致性，确保品牌未来扩展到水杯、餐具、奶瓶等品类时，视觉体系仍然统一。

统一视觉语言的婴幼儿系列化餐具设计见图2.13。

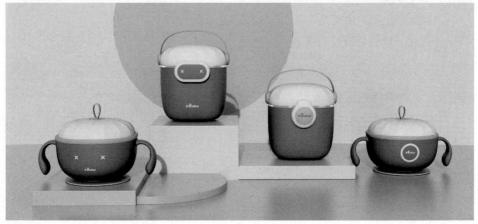

图 2.13　统一视觉语言的婴幼儿系列化餐具设计

品牌形象优化的影响见表2.2。

表2.2　品牌形象优化影响表

设计策略	品牌影响	市场反馈
统一婴幼儿产品的配色方案	快速建立品牌识别度	消费者更容易记住品牌
采用童趣化的南瓜造型元素	增强品牌情感连接	提高儿童与家长的使用体验
统一品牌标识及形态语言	形成连贯的产品体系	增强消费者的品牌认同感
采用高品质、安全材料	提升品牌溢价能力	用户更愿意支付更高价格购买

（4）提案成功推动企业决策，产品优化后上市

① 企业采纳设计方案，品牌视觉优化后，市场认知度得到了提升，消费者对品牌的记忆增强。

② 用户购买意愿提高，品牌忠诚度增强。

③ 品牌在后续产品开发时能够快速复用核心设计语言，降低新产品研发成本，提高市场扩展效率。

设计提案如何让企业"秒懂"价值

如果提案缺乏清晰的市场依据和商业价值支撑，企业可能会认为设计方案只是主观创意，而非基于真实市场需求。

要让企业秒懂设计的价值，提案需要做到：

① 用事实证明市场机会：通过行业趋势、竞品分析或用户痛点，展现了当前市场的缺口，让企业看到设计的商业潜力。

② 用验证过程增强可靠性：结合用户调研、使用反馈或概念测试，说明优化设计如何提升体验、满足真实需求。

③ 用商业逻辑匹配企业目标：阐述设计如何助力品牌战略、优化成本或提升竞争力，让企业直观地感受到投资的价值。

案例：电烧烤锅的用户需求分析与优化方案。

（1）市场需求分析与用户痛点识别

在电烧烤锅的市场调研过程中，设计团队发现了一些影响用户体验的关键问题：

① 传统烧烤锅体积大，使用率低：许多消费者购入烧烤锅后，仅在家庭聚餐

等特定场景使用，而日常使用率极低，导致设备长期闲置。

用户反馈："每次烧烤都要搬出整套设备，太麻烦了。"

② 操作界面复杂，按键过多导致体验不佳：部分用户（尤其是年长用户）反馈，烧烤锅的控制界面设计过于复杂，按键数量多，使用门槛高。

用户反馈："每次要调整火力，都要先研究一下按键，感觉操作烦琐。"

③ 厨房空间有限，产品收纳不便：很多小户型用户表示，烧烤锅占用的空间较大，收纳困难，进一步降低了使用意愿。

用户反馈："家里厨房空间有限，每次用完都要重新整理，很麻烦。"

（2）设计提案优化策略

针对这些用户痛点，设计团队在提案阶段提出了以下优化策略，以提升产品的市场竞争力，并获得了企业认可。

① 模块化拆分设计，提升产品使用率：设计团队提出了可拆分式结构，让左侧小锅部分可以单独使用(图2.14)。这样即便是单人就餐，用户也无须搬出整个烧烤锅，而是可以直接使用小锅。

这种设计解决了传统烧烤锅使用频率低的问题，使其更适用于日常烹饪，而且可拓展使用场景，不仅限于多人烧烤，还可适用于1~2人的轻量烹饪，增加了产品的市场吸引力。

图2.14　分离式设计的电烧烤锅

提案作用：通过产品使用方式的创新，展示了设计如何拓展市场应用场景，提高了消费者购买意愿。

② 操作简化，减少不必要的按键：设计团队减少了按键数量，采用了更直观的滑动调节方式，避免用户在使用时被复杂的操作界面困扰。

研究表明，用户更倾向于无门槛操作的家电产品，简化界面有助于提升用户体验，降低用户的学习成本，让不同年龄段的消费者都能快速上手，提高产品的接受度。

提案作用：通过交互优化让企业看到设计如何降低用户使用难度，提高产品市场适应性。

③ 提高空间适配性，增强产品的收纳便捷性：通过可分离的结构设计，产品在不使用时能够分开存放，减少占用空间，提高厨房空间利用率。

这种设计让小户型用户也能无压力使用，扩大产品的适用范围，让产品在市场中形成独特的差异化竞争点，增强企业投资的吸引力。

提案作用：通过产品结构创新，展示了设计如何提升用户体验，同时提高产品差异化竞争力。

（3）用户体验优化后的市场反馈（设计提案中的作用）

在设计提案阶段，设计团队对目标用户进行了小规模的概念测试，并获得了积极反馈。

① 拆分式设计提升了日常使用率，用户表示更愿意在轻量烹饪场景中使用小锅。

② 简化操作界面后，消费者普遍反馈更容易上手，按键数量减少后，误操作率明显降低。

③ 可分离式设计让用户更愿意购买产品，即使家中空间有限，也能找到合适的收纳方式。

提案影响：企业通过用户测试反馈，直观地看到了优化方案的市场可行性，提高了投资决策的确定性。

（4）让设计提案具备决策影响力的关键点

① 用户调研：展示现有产品的不足和市场空白，让企业看到优化的必要性。

② 设计优化策略：针对市场痛点提出具体的设计解决方案，而不是单纯地进行美学升级。

③ 概念测试反馈：即便在提案阶段，也可以通过小范围用户测试来验证方案的可行性，增强企业对设计的信心。

④ 商业价值匹配：明确展示设计优化如何帮助企业提升市场竞争力、降低生产成本或提高用户满意度，使提案更具实际价值。设计提案必须有市场数据支撑，让企业直观地看到投资回报。

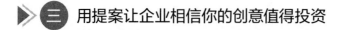

三 用提案让企业相信你的创意值得投资

在企业的商业决策中，认可一个创意和决定投资是两个完全不同的过程。一个设计方案即使具备创新性、符合品牌调性，并且能提升用户体验，企业仍可能因为市场不确定性、成本压力或回报预期不足而迟疑不决。

企业不会为"有趣"或"新颖"买单，而是要看到设计如何转化为商业成功。那么，如何让企业真正相信这个设计值得投资？

下面，我们将通过案例分析，探讨：

① 为什么有些创新设计最终无法获得企业支持？

② 如何通过提案让企业看到明确的市场机会和商业回报？

③ 如何用数据和商业逻辑增强提案的可信度，让企业更有信心投入资源？

案例：折叠洗脚盆——如何用提案赢得企业投资。

（1）案例背景：企业为何迟疑

设计团队与某家电品牌合作，希望优化传统洗脚盆的市场定位和用户体验，打造一款符合现代家庭需求的创新产品。然而，最初企业对这一提案并不积极，主要担心以下问题：

① 市场需求是否真实？折叠设计是否真的是用户购买的决定性因素？

② 产品溢价能力如何？新材料和功能升级是否能支撑更高的售价？

③ 生产成本能否控制？增加新材料和折叠结构会不会让制造成本过高，影响利润？

为了让企业愿意投资，设计团队必须在提案中用数据和商业逻辑清晰地回答这些疑问，证明折叠洗脚盆不仅是一个好创意，更是一个值得投资的产品。

（2）市场调研：精准识别消费痛点

在深入市场调研后，设计团队发现，用户对传统洗脚盆的主要不满集中在以下几点：

① 存放占地，使用率低：传统洗脚盆体积大，使用频率不高，却长期占据大量家居空间，尤其是小户型家庭更难以收纳。

数据支撑："70% 的消费者认为'收纳困难'是他们不愿购买洗脚盆的主要原因。"

② 材质体验不佳，使用寿命短：现有产品多为普通塑料，易老化，手感欠佳，难以满足对品质更敏感的消费者的需求。

用户反馈："希望洗脚盆更加耐用，材质更舒适。"

③ 外观老旧，缺乏现代设计感：市面上的洗脚盆大多外形普通，与现代家居风格不匹配。

市场趋势："年轻消费者更倾向于选择美观、符合家居风格的家电产品。"

数据支持的市场洞察成功让企业相信市场需求是真实存在的，而不是设计师的假设。

（3）提案优化点

面对企业的担忧，设计团队在提案中提出了三项关键优化，并清晰地阐述了其市场价值和投资回报。

① 折叠式设计，提升市场竞争力：采用可折叠结构，使用时展开，不使用时可折叠收纳，节省80%的存放空间。

·市场趋势：小户型、租房群体需求旺盛，可拓展新消费人群，提高市场渗透率。

·投资回报：预计可吸引50%以上的新用户，市场覆盖率提高30%。

② 升级材料，提高品牌溢价能力：采用高弹性硅胶+ABS材质，提升耐用性和触感，增强产品质感。

·市场趋势：高端家居产品增长明显，用户愿意为更高品质的产品买单。

·投资回报：品牌溢价能力提升，预计可提高15%的客单价。

③ 现代化设计，增强消费吸引力：采用简约现代工业设计，搭配隐藏提手、数显屏温控，增强产品质感。

·市场趋势：符合年轻消费者的审美偏好，有助于品牌年轻化战略。

·投资回报：增强产品的市场吸引力，提高购买意愿和复购率。

企业看到了设计优化背后的商业价值，并意识到产品升级不仅是功能改进，更是一次拓展市场的机会。

折叠式电子洗脚盆见图2.15。

（4）如何让企业相信投资可带来回报

企业决策的核心是"投资与回报"，设计团队在提案中通过市场数据和商业逻辑，使企业清楚地看到设计优化带来的收益。

① 提案表达示例："市场调研显示，70%的消费者认为收纳困难是他们不购买洗脚盆的主要原因。我们的折叠式设计直接解决了这一痛点，预计可吸引50%以上的新用户，并提高30%的市场渗透率。"

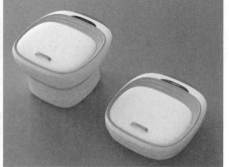

图 2.15　折叠式电子洗脚盆

②投资回报分析：

· 设计优化不仅能提升用户体验，还能创造新的市场需求。

· 采用更高端的材料，让产品具备品牌溢价能力，提高了利润空间。

· 现代化设计符合市场趋势，吸引更年轻的消费群体，提高了品牌竞争力。

③ 结果：该提案成功获得了企业投资，优化后的产品上市后销量超出了预期，该产品成为了品牌年度畅销款。

▶ 四　结论：如何确保企业愿意为设计投资

① 站在企业角度思考："投资与回报"。

a.设计提案不能只讲"创意有多好"，而是要让企业看到设计带来的商业价值。

b.提案应包含市场可行性、成本分析、预期回报，让企业明确投资收益点。

② 用数据支持设计决策，避免主观描述。

③ 设计提案应基于市场调研、竞品分析和用户反馈，而非仅凭设计师的个人判断。例如，相比于"我们认为折叠设计更好"，"70%的消费者希望洗脚盆更易收纳"这种有数据支持的表达方式更具说服力。

④ 在提案中清晰展示"企业目标→设计策略→预期商业回报"（表2.3）。

表2.3　企业目标与设计策略匹配表

企业目标	设计策略	预期商业回报
提升市场竞争力	采用折叠式设计，提高收纳便捷性	吸引50%以上的新用户，提高市场渗透率

企业目标	设计策略	预期商业回报
提高品牌溢价	采用高端硅胶材质，增强产品质感	提升产品高端形象，提高定价能力
提升产品使用体验	增加隐藏提手＋智能温控屏	提高用户满意度和复购率

当产品设计提案不仅能回答"这款产品有多特别"，而且能回答"这款产品如何帮助企业盈利"时，企业才会真正愿意投资，并推动设计落地。

第三节　从零到一：搭建一个逻辑清晰的提案框架

在提案过程中，设计师常常面临一个挑战：如何把创意转化为一个既清晰又有感染力的框架？许多设计师倾向于用大量的概念和视觉表现来呈现提案，但在企业评估时，更多关注的是设计的市场价值、商业可行性和落地执行性。即使是一个再创新的概念，如果提案结构混乱、缺乏逻辑，无法快速理解它的商业价值，企业也难以做出投资决策。

一个层次分明的提案可以帮助企业快速理解设计的价值，提高决策效率。那么，如何构建一个清晰的提案框架，确保每一个创新点都能被精准传达，让企业从直觉认同，到理性认可，再到最终买单？

在本节中，我们将深入探讨：

① 为什么构建一个清晰的提案框架至关重要？

② 如何打造一目了然的提案框架？

③ 如何通过拆解提案，搭建一个有力的设计方案？

一　构建清晰提案框架，让企业快速看到价值

当产品设计提案是一个围绕企业目标展开的商业方案时，企业才会真正愿意投资并推动项目落地。企业关注的是：

① 这个设计能解决什么具体问题？市场是否真的需要？

② 相比于竞品，它有哪些创新和优势？

③ 它能带来多少销量增长、市场认可度提升或品牌溢价？

如果提案缺乏逻辑，企业很难评估它的市场潜力，最终可能不会推进该提案。因此，在构建设计提案时，需要清晰地呈现市场需求、设计优化方案和实际效益，让企业能够直观地理解方案的可行性和市场潜力。

1. 设计师常见的提案误区

在实际操作中，设计师在提案阶段常遇到以下问题，这些问题直接影响企业对提案的接受度。

（1）信息零散，缺乏重点

① 问题：提案中包含大量市场分析、竞品对比、用户研究、技术说明，但这些信息并未形成清晰的逻辑链，企业难以抓住核心价值点。

② 影响：决策者往往时间有限，如果不能在短时间内理解提案的商业价值，就可能被直接忽略或否决。

（2）逻辑混乱，缺乏层次

① 问题：设计团队往往从创意的角度出发，强调产品的新颖性和独特性，但企业更关心的是市场机会、商业价值和可执行性。

② 影响：提案如果不符合企业的商业逻辑，创意再好也难以获得企业的认可与支持。

（3）缺少商业化思维

① 问题：许多提案强调"设计如何更美观""交互如何更流畅"，但未能清楚地回答"这个设计如何帮助企业盈利"。

② 影响：企业关注的是盈利和竞争力，如果设计提案不能证明它能赚钱或提升市场地位，企业就不会买单。

解决方案：搭建一个清晰的提案框架，让企业快速理解设计的商业价值。

2. 企业如何评估一个提案

设计师要从决策者的角度思考，让提案更符合企业的判断逻辑。通常，企业决策层会优先考虑以下三大核心要素。

（1）市场机会

这个设计是否符合市场趋势？能否满足用户的真实需求？

① 市场痛点是否明确？这个设计是否真正解决了用户的核心需求？

② 市场规模是否足够大？企业是否能在这个市场中实现增长？

③ 竞品分析是否充分？现有产品是否已经满足了用户需求，还是仍有市场空白？

示例:

如果提案涉及一款模块化厨房电热锅,仅仅说明"设计更便捷"是不够的,需要用市场数据支持:"调研数据显示,65%的小户型家庭用户表示,传统电热锅体积大且功能单一,导致使用场景受限,厨房收纳困难。市场上的产品大多是固定结构,难以满足不同的烹饪需求,而我们的模块化设计允许用户根据实际需求组合使用,提高了产品使用率。"

(2)商业价值

设计如何提升产品竞争力,促进销量增长或提高品牌溢价?

① 这个设计是否能直接提升销量?是否有足够的数据支持销量增长预测?

② 是否能提高品牌价值?设计是否与品牌战略匹配?能否帮助企业提升市场影响力?

③ 是否能带来新的商业模式(例如,增加用户黏性、提高附加价值、拓展新市场等)?

示例:

如果提案涉及高端家电产品,应该强调品牌溢价能力,而不仅是产品功能:"高端家居市场正在快速增长,用户对设计感和品质的要求不断提升。采用高端材质和现代化设计,预计产品溢价可提升15%,从而扩大高端市场份额。"

(3)可执行性

方案是否可以落地?成本、供应链、技术实现是否可行?

① 技术是否成熟?设计方案是否依赖于未成熟的技术?是否容易落地生产?

② 成本是否可控?生产成本、物流成本是否在合理范围内?企业是否能承担?

③ 供应链是否支持?是否已有成熟的供应链来支撑生产和上市?

示例:

如果设计师提出一款创新材料的产品,但生产成本过高,企业可能会犹豫。因此,需要在提案中回答:"经过供应链调研,我们选择了可降解环保材料,在保证产品品质的同时,成本仅比传统材料高出5%,但市场溢价空间可提升15%,ROI(投资回报率)更具吸引力。"

3.让企业迅速看懂提案的市场价值

决策层没时间细看,提案必须让他们一眼看懂价值。以下是构建高效提案的几个关键点。

（1）标题结构清晰

使用直截了当的标题（如"市场需求分析""设计方案优化点""商业回报预测"），让企业可以快速找到关键信息。

（2）分层组织内容

① 第一层：简要概述核心结论，例如"市场数据显示，70%的用户认为收纳困难是主要痛点，我们的折叠设计能解决这一问题。"

② 第二层：详细的数据支撑，例如用户调研、竞品分析、销售预测等。

仅仅说"我们认为这个设计很有潜力"是不够的，需要使用市场数据、用户反馈、竞品分析、投资回报预测等来支撑论点。

（3）对比示例

① 不够清晰的表达："这个设计方案采用创新的可折叠结构，具有很大的市场潜力。"

② 更有影响力的表达："市场调研显示，70%的用户希望洗脚盆能更容易收纳。折叠设计能够解决这一痛点，预计产品渗透率可提高30%，有助于企业扩大市场份额。"

二 如何打造一目了然的提案框架

在企业评估设计提案的过程中，决策者最关心的核心问题是：这个设计是否真的有市场？是否能带来商业价值？是否具备落地的可行性？为了让企业快速理解提案并做出决策，建议采用"问题→方案→商业价值"的三段式结构（表2.4），确保信息逻辑清晰、重点突出，使内容更加直观易懂。

表 2.4　设计提案核心框架表

步骤	核心内容	关键问题
1.问题	明确产品所针对的市场问题	这个设计是为了解决什么具体问题？市场是否存在需求
2.方案	介绍设计如何优化产品并创造竞争力	设计如何针对市场痛点提供有效的解决方案？相比于竞品，有何优势
3.商业价值	量化设计带来的市场潜力和收益	设计优化如何影响市场接受度、品牌溢价能力和产品销量

接下来，我们通过一个具体案例，解析如何构建一目了然的设计提案，使企业更容易理解并认可设计的市场价值。

案例解析：如何通过提案提升真空封口机市场表现（2020年）。

1. 明确市场痛点

在设计提案中，第一步是明确市场痛点，即为什么需要做这个设计？

（1）市场现状

真空封口机是现代厨房中常见的家电产品，广泛用于食品保鲜、食材存储等场景。

然而，在市场调研中，当前产品在用户体验和功能方面存在明显痛点，影响消费者的购买意愿和长期使用频率。市场上真空封口机产品痛点总结表见表2.5。

表2.5　市场上真空封口机产品痛点总结表

问题点	用户反馈	影响
外观设计偏工具化	67%的消费者表示，现有封口机设计显得太过工具化，难以融入厨房	产品难以融入现代化厨房环境，消费者购买意愿降低
操作复杂、按键设计不清晰	操作复杂，尤其在盲操作时容易出错	降低用户使用体验、影响产品复购率
功能单一，无法适应不同食材	只能处理标准塑料袋，无法适配不同材质	限制使用场景、影响市场覆盖面
封口区域难以清洁	75%的用户表示，清洁不便是他们放弃长期使用的重要原因	影响用户体验，导致品牌忠诚度下降

（2）市场机会

① 现有市场定位：

·低端产品在价格方面有优势，但在外观设计和功能方面较为基础，无法满足中高端用户的需求。

·高端产品虽功能丰富，但价格昂贵，缺乏兼顾性价比和实用性的产品。

② 用户需求：

·家庭用户：希望封口机操作更简单、清洁更方便，同时外观能够融入现代化厨房风格。

·高端消费者：关注产品的多功能性，期望封口机能适应不同材质和规格的食材包装。

2. 提出创新解决方案

在提案的第二步，设计团队展示了如何通过创新解决方案提升产品的竞争力。这些创新不仅解决了用户痛点，也使设计具备了更强的盈利能力。

（1）优化方案

① 外观设计（提升品牌感知力）：采用流线型设计＋双色搭配，让产品更符合现代化厨房美学，从"工具感"变为"家居感"。

·设计目标：从单纯的功能性产品升级为"高端厨房美学家电"。

·数据支持：67%的消费者表示，如果封口机设计更符合家居风格，他们就更愿意购买。

② 操作设计（降低用户学习成本）：

·触控按键＋LED反馈：减少机械按键数量，提升用户操作的直观性。

·新增指示灯带：用户可通过颜色变化（蓝色→红色）清晰识别封口进度，避免误操作。

·数据支持：58%的消费者表示，他们更倾向于选择操作直观、界面简洁的产品。

③ 清洁设计（提高用户长期使用率）：设计可拆卸密封条，优化封口区域结构，使清洁更加便利。解决传统封口机"长期使用后存在卫生隐患"的问题，提高用户的长期使用意愿。

·数据支持：75%的用户认为，"容易清洁"是他们选购封口机的重要因素。

优化后的真空封口机见图2.16。

（2）设计优化的实际收益

① 外观升级后，品牌溢价能力预计提升15%。

② 操作体验优化后，预计降低用户的学习成本，市场接受度提高20%。

③ 便捷清洁设计将提升产品的使用率，提高复购率。

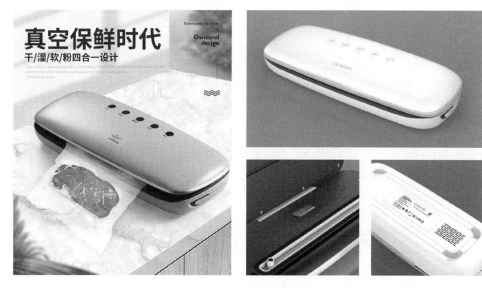

图 2.16　优化后的真空封口机

3. 量化商业价值

在设计提案中，仅仅展示设计改进是不够的，必须量化商业价值，让企业看到投资回报。

（1）品牌溢价能力

① 提升品牌感知度：优化后的外观设计预计将提升品牌的高端感，吸引追求高品质生活的消费者，提升品牌的溢价能力。

预期影响：预计产品的品牌溢价可提升10%~20%，支持更高的市场定价。

② 提升品牌认知度：通过现代化的设计和高端的外观，将显著提升品牌在消费者心中的识别度，促进消费者对品牌的认同感和忠诚度。

（2）用户体验与市场契合度

① 操作简化，提高使用频率：预计通过优化的操作界面和直观设计，产品的用户体验将显著提升，降低用户的学习成本。

预期影响：操作简便、直观的设计将提高产品的使用率和降低用户流失率。

② 清洁便利性：便捷拆卸设计可提升长期使用体验，提高用户忠诚度和品牌黏性。

预期影响：提升复购率、降低用户流失率、增强口碑效应。

（3）市场接受度与用户忠诚度

增强消费者购买决策的信心：设计优化将增强产品的市场吸引力，提升消费者对品牌的忠诚度。

预期影响： 设计的改进将提高复购率和用户推荐率，帮助品牌形成良好的口碑效应。

（4）市场竞争力和差异化

通过竞品分析，设计团队识别到了真空封口机市场的核心竞争点，以此强化提案的论证力度（表2.6）。

表2.6　真空封口机竞品分析对比表

序号	竞品	造型特征	功能	价格	产品印象
A		可视窗、隐藏式锁扣、对称结构	一键真空封装，支持家商双用	188	便携、科技感、亲和力
B		倾斜面板、磨砂外壳、底座抬升设计	自动抽气封膜，手动调节模式	198	时尚、活力、品质
C		矩形平面设计、分离式结构、无装饰面	支持大容量连续封装	218	专业、高效、严谨
D		流线造型、双色拼接、隐藏按键	多模式、可拆洗内胆、LED状态灯	178	简约、科技、活力

竞品分析总结：

·A品牌：科技感强，适合家庭和商用需求，但外观传统，缺乏美学创新。

·B品牌：时尚感强，适合年轻消费者，但功能单一，未能满足高端市场需求。

·C品牌：专业高效，但价格较高，功能适合商用，不符合家庭用户需求。

·D品牌（优化后设计）：结合简约、科技感和活力，功能适配广泛，价格适中，能够满足家庭和高端用户的需求，同时改善用户体验。

4. 结论

本次真空封口机的设计提案通过市场调研、竞品分析以及痛点解决方案的展示，成功地将设计从创意转化为市场竞争力。通过"问题→方案→商业价值"三个步骤，设计提案清晰地帮助企业理解设计的核心价值和商业潜力。

设计提案核心亮点：

① 结构清晰，帮助决策者理解设计如何赋能产品。

② 基于市场调研和用户反馈，确保设计方案满足市场需求。

③ 量化设计的商业回报，提升品牌影响力、用户体验和市场接受度，推动产品落地。

该设计提案成功获得了企业高层认可，推动了产品顺利上市，并在市场上表现出色。该产品也成为品牌销量的重要支柱。

▶ ☰ 提案结构拆解：搭建清晰有力的设计方案

企业在评估设计提案时，往往基于自身的商业目标来决策。因此，一个优秀的提案需要选择合适的结构，以更符合企业的关注点。不同的项目背景适用于不同类型的提案框架。

接下来，我们将拆解三种常见的提案框架，帮助设计团队精准构建内容，使设计方案更具决策推动力。

1. 市场导向型提案（适用于新产品开发）

（1）核心思路

从市场需求出发，通过数据和趋势分析，向企业证明为什么现在是推出新产品的最佳时机，以及如何通过新产品占领市场。

（2）适用场景

① 企业计划进入新市场，希望通过新产品抢占市场份额。

② 市场趋势发生变化，现有产品已经不能满足消费者的需求。

③ 行业竞争激烈，企业需要通过产品创新来提升竞争力。

（3）目标

让企业管理层清晰地看到市场机会、消费者需求以及新产品的商业潜力，从而增强投资信心。

提案框架示例：

①市场趋势与用户需求分析：说明市场缺口，为什么现在是切入的好时机？

②竞品分析与现有问题：证明当前市场上尚未存在完善的解决方案，或者现有产品存在的不足。

③设计方案：介绍新产品如何满足市场需求，并具有差异化的优势。

④商业价值：预测市场增长、用户接受度、投资回报周期。

2. 产品创新型提案（适用于产品升级）

（1）核心思路

基于用户痛点和市场反馈，优化现有产品，使其更符合用户需求，同时提高市场竞争力。

（2）适用场景

①现有产品存在局限，用户体验不佳，导致市场增长乏力。

②消费者需求变化，产品需要迭代以保持竞争力。

③企业希望通过优化设计，提高产品溢价能力和品牌影响力。

（3）目标

让企业看到产品优化的必要性，并理解升级后的市场潜力。

提案框架示例：

①现有产品问题分析：说明用户在使用当前产品时遇到的痛点。

②用户反馈与竞品对比：通过调研数据和竞品分析，证明改进的必要性。

③设计优化方案：介绍优化后的产品如何提升体验。

④项目价值：预测改进后产品的市场反馈、销量、品牌溢价能力等。

3. 成本控制型提案（适用于制造优化）

（1）核心思路

通过优化设计或生产流程，降低制造成本，提高利润空间，提升企业的投资回报率（ROI）。

（2）适用场景

①企业希望在不影响产品质量的前提下，通过设计优化降低制造成本。

②优化生产效率，提高生产线的自动化水平，降低人工和物料成本。

③优化材料选择，提高耐用性，降低售后维护成本。

（3）目标

让企业看到如何在保持产品质量的前提下降低成本，提高盈利能力。

提案框架示例：

① 现有生产成本分析：说明现有产品的制造过程存在哪些成本问题（材料、工艺、供应链等）。

② 优化方案：介绍如何降低成本，例如选择更优材料、更高效的生产工艺，减少不必要的结构件等。

③ 投资回报分析：预测成本优化带来的利润增长，说明优化后的收益模型。

4. 如何选择适合的提案结构

在实际操作中，一个提案往往不是单一结构，而是多种结构的组合。企业在评估设计方案时，通常不会只关注一个方面，而是从市场机会、产品创新、成本控制、投资回报等多个维度进行综合考量。因此，灵活搭配提案结构，能够让方案更加符合企业决策逻辑，提高提案的通过率。

（1）提案结构组合的关键原则

① 企业关注点决定提案结构：了解企业当前的商业目标，是关注市场拓展、产品升级，还是成本优化？

② 不同结构组合，提高提案影响力：不是所有提案都需要完整覆盖市场、创新、成本，而是根据企业需求灵活搭配。

③ 用数据支撑每个结构模块：无论选择哪种提案结构，都要通过市场调研、用户反馈、竞品分析等数据，增强提案的可信度。

（2）典型的提案结构组合方式

① 新产品开发提案：市场导向型＋成本控制型。

适用场景：

·企业计划推出一个全新产品，希望在市场上快速占据先机，同时确保投资风险可控。

·需要既证明市场机会，又确保成本优化，让企业看到投资回报的可能性。

组合框架：

·市场导向型：证明市场需求，展示新产品的商业潜力。

·成本控制型：优化供应链和制造成本，降低企业投资风险。

② 现有产品升级提案：产品创新型＋市场导向型。

适用场景：

·企业已有成熟产品，但需要优化用户体验，以保持市场竞争力。

· 需要证明优化后的产品能够覆盖更广泛的市场，提高销量和品牌溢价能力。

组合框架：

· 产品创新型：围绕用户痛点优化设计，提高用户体验。
· 市场导向型：证明市场对升级产品的需求，预测销量增长潜力。

③ 现有产品优化提案：产品创新型+成本控制型。

适用场景：

· 企业希望在不改变核心功能的情况下提高产品竞争力。
· 需要在优化用户体验的同时，控制生产成本，提高利润率。

组合框架：

· 产品创新型：提升产品体验，提高用户满意度。
· 成本控制型：优化生产材料和工艺，降低制造成本，提高利润空间。

在构建设计提案时，设计团队需要思考：
① 企业最关心的问题是什么（市场机会、成本、产品升级）？
② 决策者的主要顾虑是什么（投资回报、产品竞争力、制造成本）？
③ 如何用数据支持提案结构（市场趋势、用户调研、成本分析）？
企业关注点不同，提案的内容也要相应调整（表2.7）。

表2.7　企业需求与设计提案结构匹配表

企业需求	适用提案结构
开发全新产品，寻找市场机会	市场导向型 + 成本控制型
现有产品优化升级，提高销量	产品创新型 + 市场导向型
现有产品优化，同时降低制造成本	产品创新型 + 成本控制型

因此，一个逻辑清晰的提案包含以下方面：
① 应该用"问题→方案→商业价值"的框架，让企业一眼看懂核心内容。
② 根据不同项目背景，选择合适的提案框架，使企业更易于理解。
③ 结合数据、案例，增强提案的可信度，提高投资成功率。
当提案不只是"一个设计方案"，而是"一个能带来商业价值的完整逻辑框架"时，企业才会真正愿意投资。

第四节　让提案更完美：自检、优化与赢得评审

设计师往往会遇到这样一个令人沮丧的情况——明明倾注了大量心血，精心打磨出的设计，却在企业评审阶段被高层一票否决。这种尴尬的局面常常让人困惑：为什么创意十足的方案，仍然无法打动企业决策者？为什么精心构思的提案，总是在评审时被否定？

问题的关键是，设计提案不光要有创意，更要让企业一眼看出这个设计能赚多少钱、市场是否认可，以及方案能否真正落地。优化提案也不仅是把设计做得更精致，更要围绕企业高层、市场部门和研发团队各自关心的问题，把商业逻辑说清楚，让每个人都觉得"这个方案值得投钱"。

在本节中，我们将深入探讨：

① 如何自检提案，避免被企业高层"一票否决"？

② 如何针对不同的企业角色优化提案重点？

③ 如何在评审环节抓住关键，赢得企业高层的认可？

一　设计提案的"自检清单"

1. 提案逻辑自检

设计提案要想打动高层，关键是在有限的时间里清晰地讲明白这个设计的价值。高层不会花费太多时间琢磨你的意思，说得越直接、越简单，越容易获得认可。

（1）自检提问清单

① 痛点是否明确？

这个设计究竟解决了什么问题？是否有具体的数据支持？

② 方案是否清晰？

设计如何具体解决这个问题？企业能快速理解吗？

③ 项目价值是否明确？

这个设计如何帮助企业增加收入或降低成本？

④ 市场需求是否足够强？

是否有用户反馈、竞品分析等数据支持？

⑤ 技术可行性是否被考虑？

设计方案是否超出了企业当前的生产能力，或者是否有可能实现？

（2）错误示例与优化表达

① 错误表达："我们设计了一款极具未来感的智能手表，它的界面极具科技感。"

问题：企业看不到这款手表的盈利潜力，也不清楚市场是否真的需要它。

② 优化后表达："调研显示，80%的年轻用户希望智能手表能支持更直观的健康监测功能。因此，我们优化了用户界面设计（UI设计），使心率、睡眠等数据更易读取，并提升了20%的续航，预计能帮助品牌在18~35岁市场中提高30%的市场占有率。"

优势：明确痛点（用户需求）、方案（UI优化＋续航提升）、投资回报（市场增长）。

通过这一优化后的表达，设计师能够清晰地传达设计的市场需求、具体解决方案和商业回报，让企业高层快速理解设计的潜力和价值。

2.商业价值自检

企业高层最关心的是设计到底能不能赚钱。如果想赢得高层支持，提案里就必须讲清楚：这个方案能为企业带来多少收入，能节省多少成本，能不能真正帮企业在市场上赢过对手。

（1）自检提问清单

① 这个设计能否带来销量增长？

明确展示设计带来的市场增长机会。

② 这个设计是否能降低成本，提高利润率？

通过优化设计，是否能实现生产效率的提升，从而降低成本？

③ 这个设计是否符合品牌战略，提高市场竞争力？

确保设计方案与品牌定位、市场趋势相匹配，能为品牌带来长远的竞争优势。

（2）错误示例与优化表达

① 错误表达："这个产品造型新颖，很可能会受到消费者欢迎。"

问题：表述过于主观，缺乏数据支持与市场转化逻辑。高层难以据此判断商业回报。

② 优化后表达："根据对同品类竞品的销量分析，市场上采用类似交互设计与配色风格的产品在近一年内平均销量增长了23%。本方案预计可提升至少15%的上新转化率，保守预计每年新增收入约为480万元。"

优势：引用了市场数据与竞品逻辑，增强可信度，明确量化了销量提升与商业收益，体现提案对ROI（投资回报率）的支撑。

3. 技术可行性自检

技术可行性是设计提案中必不可少的考量，企业通常会担心设计是否能顺利进入生产，并按预期成本量产。如果设计方案超出了企业现在的技术能力，就可能无法量产，甚至引发严重的生产问题。

（1）自检提问清单

① 设计方案是否超出企业当前的生产能力？

是否有现成的生产线可以支持，或者需要额外的技术投资？

② 现有技术是否能实现？

如果涉及新技术，是否有成熟的解决方案，或者企业是否需要投入大量研发资源？

③ 是否有明确的生产流程与时间表？

产品从设计到生产的流程是否清晰，时间是否可控？

（2）错误示例与优化表达

① 错误表达："这款新型电子产品需要突破当前技术的限制。"

问题：缺乏具体的实现路径，企业担心技术可行性问题，且无法评估风险。

② 优化后表达："通过与研发团队合作，我们可以采用现有的柔性电池技术，并在现有生产线的基础上进行适度的调整，预计不会超过现有生产能力30%的额外投入。我们已经与供应商确认，生产周期为6个月。"

优势：明确技术可行性，减少企业的顾虑，提供详细的实现路径和时间表。

⏵⏵ ② 如何针对不同的企业角色优化提案重点

企业内部不同角色关心的侧重点不尽相同，设计师需要针对各自的核心关注点，优化沟通策略，让每位决策者快速抓住提案的关键信息。

1. 不同角色的关注重点

不同角色的关注重点见表2.8。

表2.8　不同角色的关注重点

角色	关注点	提案优化方向
CEO（决策者）	投资回报率、战略匹配	强调设计如何提升市场占有率、品牌溢价能力以及带来投资回报率（ROI）

角色	关注点	提案优化方向
市场团队	用户需求、市场趋势	强调目标用户需求、竞品差异和品牌竞争力，突出市场痛点和品牌契合度
研发团队	技术可行性、生产成本控制	明确设计方案的实现路径、生产工艺和成本控制措施，确保量产可行

2. 根据角色优化提案沟通策略

（1）向CEO突出"赚钱的可能性"

CEO关注的是企业能从这个设计中获得怎样的实际利益。因此，在提案中要清晰地传达设计如何帮助企业提高市场占有率和品牌溢价能力，并用具体的数字（如销量预期增长、利润提升）说明投资回报。

（2）向市场团队强调用户价值

市场团队更关注产品是否满足了用户的真实需求，是否能在众多竞品中脱颖而出。因此，提案应突出用户痛点、竞品差异和市场趋势，直观地展示设计如何有效提升品牌竞争优势。

（3）向研发团队展示技术可行性与成本控制

研发团队关注设计方案能否顺利落地，提案需要清楚地展示实现方案的技术细节、具体生产路径和成本控制方式，让研发部门明确项目的技术风险和生产难度可控。

（4）跨部门沟通的价值：打通角色间的理解鸿沟

每个部门的决策层的关注点各不相同。设计师只有理解不同角色的实际需求，有针对性地调整表达内容，让各方都快速看到自己的核心利益点，提案才能真正获得企业内部各部门的一致认可，大幅提升提案通过的概率。

3. 根据角色优化提案焦点

为了确保提案能够得到高层认可，设计师应在提案前做足准备工作，根据不同角色的关注点调整重点，让每个决策者都能清楚地看到设计的价值。

① 面向CEO：强调投资回报、市场增长、品牌溢价。

② 面向市场团队：聚焦用户需求、竞品分析、市场趋势。

③ 面向研发团队：注重技术可行性、生产可行性、成本控制。

案例解析：提案如何在评审环节赢得关键支持

在企业的设计提案评审中，创意只是起点，真正决定提案成败的关键在于数据支撑、精准的市场分析和清晰的投资回报。通过以下两个案例分别展示了失败与成功的提案，通过对比分析，我们可以从中提炼出在评审环节赢得企业关键支持的核心要素。

1. 失败案例：为何一款创新美肤瘦身仪被否决

某品牌计划推出一款创新型美肤瘦身仪，设计团队认为该产品具有极高的市场潜力，并提交了设计提案。然而，该提案最终在评审阶段却被企业高层否决。

（1）失败的核心原因

①市场数据不足，缺乏用户验证。

问题：消费者真的需要这个产品吗？

设计团队在提案中描述了产品的高端功能，但没有提供充分的市场调研数据，无法证明消费者的实际需求。企业评审团队的竞品分析显示，市场上已有类似产品，并且消费者对新产品的接受度尚不明确。如果没有明确的用户痛点和数据支撑，企业就不会轻易投入资金开发。

②生产成本高昂，缺乏落地可行性。

问题：产品好，但企业真的愿意生产吗？

提案中的美肤瘦身仪采用高频振动+热能驱动技术，理论上能带来更好的体验，但实际量产的制造成本过高，特别是在核心部件（高频振动器、热能模块）的生产上，复杂度远超企业预期。这意味着，即使产品概念很好，也难以获得企业认可。如果成本超出预算，即便市场需求存在，企业也难以承担量产风险。

③经济收益不清晰，未能回答"如何盈利"。

问题：这个产品能为企业带来多少利润？

提案如果过度聚焦于技术创新，却忽略了企业盈利的核心问题，就容易偏离评审团队的关注点。评审团队更希望看到的是具体的销售预测、市场增长潜力、定价策略和投资回报率等实际数据，而不仅是"这款产品比竞品更先进"。

④缺乏产品差异化，竞争力不足。

问题：为什么消费者会选择这款产品，而不是竞品？

市场上的美肤瘦身仪（图2.17）已经较为成熟，而该提案的产品（图2.18）虽然在技术上有所突破，但没有构建足够清晰的差异化卖点。企业评审团队认为，现有竞品已经具备类似功能，而提案并未提供明确的理由解释为何消费者会优先选择这款新产品。没有差异化的产品，即便投入市场，也难以占据竞争优势。

图 2.17　市场上现有美肤瘦身仪

图 2.18　设计团队设计的创新美肤瘦身仪

（2）启示：如何让提案更具说服效果

这份失败的提案给我们带来了以下重要启示：

①市场验证是第一步。

在提交提案之前，必须进行充分的市场调研，并提供真实的数据支持。消费者真的需要这个产品吗？如果没有市场数据，企业很难判断产品是否值得投入，评审环节自然就无法通过。

②生产成本要可控，创新也要算账。

企业决策不仅看创意，也看成本与收益。如果生产成本高得离谱，即便产品再好，企业也不会愿意投入。提案中必须包括成本分析、生产可行性评估和量产方案，否则难以让企业相信该产品有商业化落地的可能性。

③设计提案必须说清楚"能赚多少钱"。

企业评审最关心的问题是投资回报。一个理想的提案必须清晰地展示盈利模式、目标市场、定价策略以及市场增长预期，从而让企业看到可实现的效益和增长潜力。

④差异化是决胜点，不能"看起来都一样"。

产品创新不仅是技术上的突破，更是市场竞争中的差异化策略。如果一款新产品与现有竞品相似，消费者为什么要买？提案中必须清晰地阐述产品的独特卖点，并通过竞品对比说明其市场竞争优势。

（3）总结：评审失败的真正原因

这款美肤瘦身仪的失败并不是因为创意不足，而是因为缺乏市场数据、成本可行性分析、产品差异化优势的充分论证。只有真正解决企业关心的问题，提案才能在评审环节获得必要的支持，并最终顺利实施。

2. 成功案例：通过精准提案赢得关键支持——手持按摩器设计项目

在本案例中，设计团队通过精准的市场调研、深入的竞品分析、真实的用户体验反馈，并结合清晰的提案表达，成功获得了企业评审委员会的认可，为产品的顺利落地提供了坚实保障。

在评审环节，企业内部不同角色最在意的问题往往是：

①产品能不能在市场上卖得好？

②投入的钱到底值不值得？

③这个产品相比于竞争对手有什么明显优势？

这三个问题分别对应了企业高层、市场部门和研发部门最真实的关注点。

（1）让提案更具公信力：数据支撑是关键

①市场调研分析：用数据找到突破口。

团队首先对市场进行了深入调研，发现：

a.市场上多数按摩器外观雷同，功能停留在基础振动模式，缺乏真正的创新。

b.消费者痛点未被充分解决：按摩力度不足、手持振感不舒适、外观单一、交互方式陈旧等问题普遍存在。

c.行业趋势：智能化、个性化、便捷化成为消费升级的主要需求点。

国内市场主流手持按摩产品分析表见表2.9。

表2.9　国内市场主流手持按摩产品分析表

主流手持按摩产品	产品特征	调研总结	痛点分析
	环形手柄、烫银Logo、高清液晶屏	市面上手持按摩器的造型多样，色彩、风格也较为广泛，但整体造型依然以圆润亲和为主； 在材质上，钢琴烤漆、高亮喷漆、硅胶包裹等材质的拼接，增强了产品的品质感与舒适感； 在功能上，无线座充、高清液晶屏等功能提升了产品使用的简便性与科技感	① 造型同质化，缺乏个性化：市场上的产品在外观设计上过于相似，无法突出品牌特点和独特卖点，造成消费者视觉疲劳。 ② 材质选择单一，缺乏高端感：材质选择上未能突破常规，难以满足高端市场对"质感"与"奢华"的需求，造成消费群体的选择限制。 ③ 功能单一，未满足多元化需求：产品功能普遍单一，未能从用户需求出发进行深度创新，缺乏个性化和智能化功能，未能解决用户在实际使用中的痛点。 ④ 缺乏智能化与人体工程学结合：产品智能化程度低，未能与人体工程学相结合，无法根据用户不同需求和体质提供量身定制的使用体验
	液晶大屏、钢琴烤漆、无线便携		
	无级变速、LED灯发热、硅胶包裹		
	一键开启、仿真按摩、加长把手		
	流线型造型、人机曲面、大弧度手柄		
	时尚曲线、无线充电、数码液晶屏		
	数码液晶屏、亲肤材质、红外线照射		

结论：市场上仍存在空白，智能调节+舒适体验将成为突破点。

② 用户需求分析：让评审团队"看到"市场需求。

通过竞品体验和用户调研，团队收集了大量用户反馈，明确了改进方向：

a.现有产品普遍握持不适，振感过强或过弱，用户体验较差。

b.操作方式单一，缺乏智能交互，用户希望能有更多可调节选项。

产品使用体验过程图见图2.19。

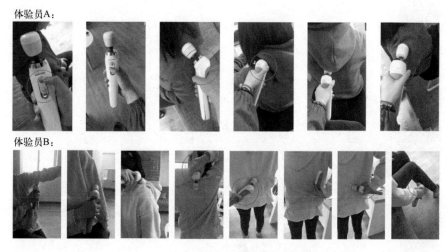

图 2.19　产品使用体验过程图

③ 竞品分析：找到市场差距，建立产品竞争力。

设计团队分析了三款市场主流按摩器，如表2.10所示。

相比之下，市场缺乏一款兼具人体工程学设计、智能调节和个性化按摩体验的产品。

（2）通过清晰的提案结构，展示产品的可行性

评审环节往往不仅关注创意的独特性，还非常看重提案的可执行性。设计团队通过以下方式，在提案中充分展示了产品的可行性。

① 产品定位明确：

·目标用户：长期使用按摩器的健身爱好者，尤其是都市白领及其他职业人群。

·差异化优势：区别于传统产品，可更换按摩头、智能振动调节、人体工程学手柄。

② 功能与设计的合理性：采用防滑手柄+可旋转调节开关，提升操作便捷性；无线充电、高清液晶屏，增加产品科技感，提高市场吸引力。

表 2.10 手持按摩器竞品分析表

品牌	产品造型	配色	机身设计	头部设计	手柄设计	开关设计	关键词	设计特点	主要缺点
Thrive Suraivu		白色+浅灰色拼接	梭形机身	可弯曲硅胶头部，柔软舒适	颗粒状防滑设计	移动频率开关	整体柔和	造型简洁	外观缺乏记忆点，缺少差异化
Homedics HHP110TEU		深灰色突出功能区域	剃刀式机身	滚轮头部，滚轮式按摩，找出针对性的部位进行缓解	规则椭圆形防滑曲线	凹状开关键，避免使用时手误操作	人机舒适	滚轮式按摩	交互方式传统，舒适度不足
Gladton 迷你按摩器		亮白色+银边点缀	不规则曲线机身，中间缩小方便手握	整体光面设计，时尚美观	圆形按钮		时尚趣味	时尚外观	按钮设计传统，使用不够便捷

③ 技术可行性验证：通过样机测试，确保新功能可落地，并不会显著增加生产难度；采用标准化可更换按摩头，降低供应链压力，提高量产可行性。

设计提案过程中的设计方向梳理和关键词总结分别见图2.20和图2.21。手持式按摩器设计效果图见图2.22。

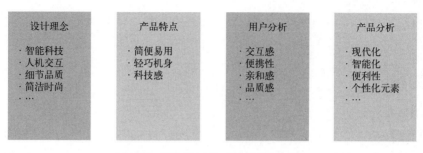

图 2.20　设计提案过程中的设计方向梳理

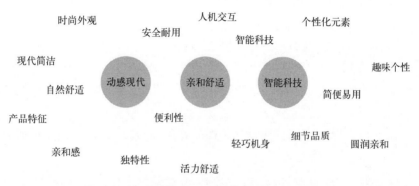

图 2.21　设计提案过程中的关键词总结（产品特征）

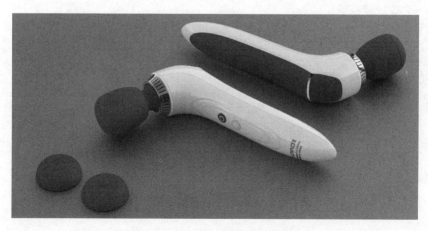

图 2.22　手持式按摩器设计效果图

（3）让评审团队认可提案：针对不同角色调整表达方式

在企业评审中，不同决策者的关注点不同，因此设计团队采取了针对性的表达策略，确保每个关键角色都能看到提案的价值。

① CEO关注点：市场潜力与盈利能力。

提案表达方式：

"这款产品填补了市场空白，预计定价提升25%，销量增长15%，利润增长40%。"

"智能按摩+人体工程学设计，将帮助品牌树立高端形象，扩大其市场份额。"

② 市场团队关注点：用户需求与竞品差异化。

提案表达方式：

"市场调研显示，70%的用户希望按摩器具备更强的深层按摩功能，但现有竞品尚未完全满足这一需求。"

"相比于竞品，我们的产品在便捷性、舒适度和交互体验上形成了明显的差异化。"

③ 研发团队关注点：技术可行性与生产成本。

提案表达方式：

"新功能的加入预计增加10%的生产成本，但通过技术优化，整体制造难度可控。"

"按摩头采用标准化可更换设计（图2.23），供应链稳定，避免增加额外复杂度。"

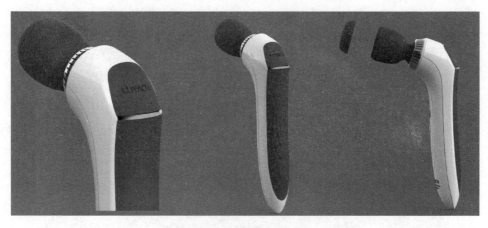

图2.23　手持按摩器细节图

结果：采用针对性表达方式确保每位评审者都能快速理解设计的价值，提高提案通过率。

（4）结论：如何确保提案顺利通过企业评审

成功的提案必须通过以下几个关键步骤赢得评审支持：

① 提案逻辑要清晰，让评审快速抓住重点。

· 企业评审不会花时间去梳理混乱的逻辑，提案必须按照"市场痛点 → 竞品分析 → 设计创新点 → 实际效益"的顺序展开，确保条理清晰。

· 提案必须像导航仪一样，清晰指引评审团队理解设计的实际回报，而不是让他们自己去推测。

② 量化项目价值，用数据让决策者看到"赚钱的可能性"。

企业评审关注的核心问题通常是："这个设计能不能赚钱？"因此要用数据说话。

设计团队在提案中提供了：

· 市场数据：70%的用户希望有更强的按摩功能，现有竞品未满足用户需求。

· 竞品分析：直观展示市场空白，强调产品如何填补需求这一空白。

· 商业回报预测：预计定价提升25%，销量增长15%，利润增长40%。

这些数据让评审团队不再只是"感觉这个创意不错"，而是能清楚地看到"这笔投资值得"。

③ 让每个决策者都看到"自己的关注点"。

不同角色的评审关注点不同，因此提案要"投其所好"。

· CEO关心市场和利润：提案要强调市场需求、竞争力、盈利能力。

· 市场团队关心消费者需求：展示用户调研数据、竞品分析、品牌定位。

· 研发团队关心技术可行性：提供生产成本评估、供应链优化、制造难度分析。

不同角色有不同的"痛点"，提案必须对症下药，让每种角色都看到这个设计的价值。

（5）成功提案的核心：精准定位、数据支撑、针对性表达

本案例证明：

① 精准市场定位，让产品具备独特竞争力，填补了市场空白。

② 数据驱动决策，让评审团队清楚地看到投资回报，而不是凭感觉做决策。

③ 针对不同角色调整表达，让CEO、市场团队、研发团队各自找到关注点，

提高通过率。

　　设计团队靠这套方法顺利拿到了企业的投资，让产品成功推向了市场。这证明了一个道理：要想打动企业评审，并不靠花哨的包装，而要靠精准的逻辑、真实的数据和讲到点子上的表达。

03

第三章

呈现提案：让设计打动企业

引言

一个好创意，光有亮点还不够，更重要的是让企业高层能听明白、愿意接受，最终拍板投资。产品设计提案不只是展示设计的载体，更像一场精心准备的说服行动。怎样让企业在会议桌前对你的方案点头？如何用清晰的逻辑、精准的表达和直观的视觉展示，让企业看清楚"这个方案值得投钱"？当面对质疑和挑战时，又怎样自信地维护你的设计价值？

本章会围绕这些真实又具体的问题展开讨论，帮你把设计创意真正变成企业认可的商业方案。

第一节 从零散创意到完整方案: 让提案表达更清晰

产品设计提案绝非只是几张好看的PPT或者创意展示, 它更像是一份帮助企业拍板决策的商业说明书。提案最重要的是直接告诉企业这个产品有没有市场、方案能否落地、投入的钱能不能回本。

但在现实中, 很多设计师却没搞懂这一点。他们习惯随意拼凑内容, 表达含混不清, 结果企业高层听完后根本不知道方案的价值在哪里, 甚至连进一步讨论的兴趣都没有了。实际上, 有不少原本很不错的设计方案, 最后输在了没说清楚 "企业凭什么要投钱" 上, 从而白白错过了机会。

在本节中, 我们将深入探讨:

① 为什么 "随便做个PPT" 是提案失败的开始?

② 如何避免表达误区, 让企业快速理解方案的核心价值?

③ 如何在竞争激烈的环境下, 通过精心策划的提案脱颖而出?

 一 为什么"随便做个 PPT"是提案失败的开始

不少设计师在做提案时, 习惯性地直接打开PPT, 先把效果图放上去, 再随意搭配些说明文字, 然后觉得差不多就能拿去汇报了。但现实往往很残酷: 随便拼凑的PPT恰恰是提案失败的第一步。

问题出在哪? 一个逻辑混乱、内容杂乱、表达含糊不清的提案, 会让决策者越听越迷糊, 甚至干脆直接把你的方案否决。

接下来, 我们通过一个失败案例看看随便做个PPT可能会带来的后果。

1. 案例: 某次失败的小型按摩器提案

设计团队向一家健康科技公司提案, 希望该公司能推出一款新型手持按摩器。他们认为这款产品具备极高的市场潜力, 采用了更轻巧的机身, 更符合人体工程学的握持方式, 并支持无线充电。然而, 这个提案最终未能通过企业的评审, 核心原因并不是产品本身, 而是提案的表达方式没有打动企业。

(1) 团队提交的PPT大致内容

① 前十二页展示产品外观, 强调极简美学设计, 配有多张精美渲染图, 展示产品线条流畅、外观轻巧时尚。

② 接下来的三页介绍技术细节, 如振动频率如何调节、无线充电如何工作、

按摩头的硅胶材质如何提供更舒适的触感。

③ 最后两页简单提到市场定位，列出了一些竞品名称，但没有深入分析用户需求、竞品痛点或商业模式。

（2）企业高层在评审后的反馈

① "产品设计看起来不错，但它和市场上的按摩器到底有什么本质区别？"

② "目标市场是谁？用户为什么愿意为这个设计买单？"

③ "成本、定价和盈利模式是什么？为什么企业要投资这款产品？"

最终，这个提案被企业否决，主要原因是内容表达方式不符合企业的评审逻辑，缺乏市场数据、竞品分析和实际效益证明。企业高层没能在短时间内理解这个设计的市场潜力，也无法判断其投资回报率，因此选择了放弃。

2. 失败的关键问题

在评审会上，企业高层的耐心是有限的，他们不会在PPT里"自己找答案"。如果关键信息埋在PPT后面，或者没有清晰地展示，企业可能直接跳过这个方案，甚至认为这个方案"没价值"。这次失败的案例主要存在以下三个问题：

① 问题一：信息组织顺序错误，企业先看到"设计炫技"，而非市场价值。

a.提案前十二页全是设计概念和渲染图，但企业首先关心的不只是设计，而是项目的回报。

b.如果一开始没有呈现市场需求、产品定位和商业可行性，企业很可能没有耐心继续看下去。

② 问题二：企业最关心的内容没有被清晰呈现。

a.例如，定价、成本、目标市场等企业决策者最关注的信息被放在PPT最后两页，没有展开详细说明。

b.评审团队看不出产品到底能不能赚钱，自然对方案是否值得投资产生了怀疑。

③ 问题三：表达方式不符合企业的思维方式。

a.设计师往往从自己的角度去讲方案，而企业高层更关注市场需求、商业模式、可落地性。

b.过度强调设计细节，而没有聚焦于这个产品是否值得企业投入资金和资源，最终导致沟通脱节。

有时候，企业否决一个提案，是因为他们根本没弄明白这个方案要解决什么问题。如果信息组织不清、重点不突出、表达方式不顺畅，一个好创意也可能被轻易淘汰。

那么，如何避免这样的失败？下面，我们来看几个常见的问题，以及它们如何影响提案的成败。

3. 让提案更清晰

（1）缺乏清晰逻辑，听众难以理解

设计师习惯从"设计概念"讲起，但企业高层关心的是市场需不需要、成本划不划算、方案能不能顺利实现。

一个失败的提案，通常有以下表现：

· 一上来只谈设计，却没讲清楚市场需求和盈利空间，企业自然不会买账。

· 讲完设计才开始解释市场需求，企业无法理解这个设计的商业潜力。

· 逻辑跳跃，信息堆砌，听完一头雾水。

① 正确做法：在提案中，先抛出核心问题，明确企业面临的市场痛点或机会，然后再介绍你的设计如何精准地解决这些问题。用层层递进的逻辑，让听众顺畅地接受你的方案，而不是在一堆设计细节里迷失方向。

② 示例：失败提案与成功提案对比见表3.1。

表 3.1　失败提案与成功提案对比表

项目	失败的提案（逻辑混乱）	成功的提案（逻辑清晰）
提案对比	逻辑混乱，直接讲设计概念	逻辑清晰，先讲市场需求，再引出设计
	没有数据支持，仅靠个人感觉	结合市场调研、用户反馈、竞品分析
	PPT堆满文字，听众难以消化	采用信息图表，提升可读性
提案流程结构	介绍设计概念→介绍功能→说明市场情况→讨论经济效益	明确市场痛点→提出设计方案→竞品对比，突出独特性→论证落地可行性→量化商业收益

（2）展示方式单一，缺乏吸引力

如果PPT满屏都是文字，听众很难抓住关键信息。信息密度过高、视觉元素使用不当，都会降低提案的可读性和说服力。

① 失败提案的典型问题：

a. PPT塞满文字，听众没有耐心读完，关键点被淹没。

b. 图片无重点，只是装饰，没有真正帮助讲解设计的价值。

c.信息杂乱无章，一页PPT塞满多个数据图表，让听众无从下手。

② 示例：低效PPT与高效PPT对比见表3.2。

表3.2　低效PPT与高效PPT对比表

低效PPT	高效PPT
满屏文字	精简文字＋核心数据点
图片无重点，视觉干扰大	精准使用图片，突出关键信息
逻辑混乱，观众难以理解	结构清晰，内容层层递进

（3）优化方法

① 少即多：一页PPT只传达一个核心信息，让听众一眼就能抓住重点。

② 用视觉讲故事：使用清晰的图表、用户体验流程图、对比分析等方式增强理解力。

③ 突出关键信息：使用高对比度颜色、适当的留白、简洁的排版，使PPT更具可读性。

如图3.1所示为设计提案调研部分的样品分析版式，图3.2所示为设计提案不同类目产品调研雷达图分析版式，图3.3所示为设计提案产品调研分析版式。

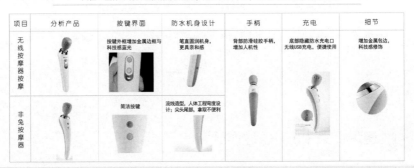

图3.1　设计提案调研部分的样品分析版式

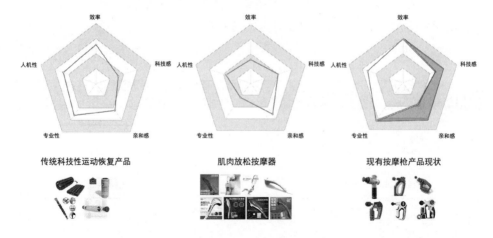

图 3.2 设计提案不同类目产品调研雷达图分析版式

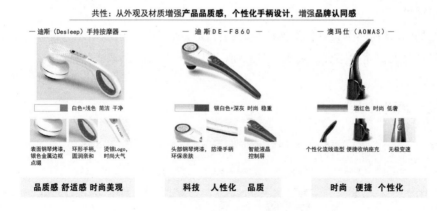

图 3.3 设计提案产品调研分析版式

二 避免提案中的"表达误区"

随意制作的PPT和缺乏逻辑的表达会导致方案被否决。那么，是什么导致企业产生误解？仅仅是信息组织的问题，还是表达方式本身就存在缺陷？

决策者不会仔细推敲提案的每个细节，而是依赖提案中提供的信息来做判断。如果你的提案表达不够清晰，可能会出现以下几种情况：

① 信息不完整，导致企业误解方案的市场定位。

② 过度强调技术创新，而忽略市场需求。

③ 数据前后矛盾，使企业对方案的可信度产生怀疑。

这些问题都会直接影响企业的投资决策，甚至让你的提案在评审过程中被"一票否决"。

以下是常见的三大表达误区及优化方式。

1. 误区一：信息"缺一环"

在提案中，如果信息缺乏关键环节，企业评审团队就会自行补充假设，而这些假设往往不利于方案的通过。

（1）错误示例

"这款按摩器采用创新的人体工程学设计，能让握持更舒适。"这句话乍一看没问题，但对于企业决策者来说，仍然会有以下疑问：

① "市场上已有的产品是什么样的？"

② "用户真的在意这个问题吗？"

③ "如果这是个痛点，为什么之前的产品没有解决？"

当企业带着疑问去审查提案时，往往意味着你的方案已经在评审环节"失分"了。

（2）优化方式

"市场调研显示，70%的按摩器用户抱怨传统产品太重，长时间使用导致手部疲劳。因此，我们的设计在重量上减轻了30%，并优化握持角度，以减少长时间使用带来的负担。"

① 优化后，企业的思考路径变为：市场上确实存在这个痛点 → 这个方案有针对性 → 这可能是一个值得投资的方向。

② 优化建议：在提案中，确保信息链条完整，特别是在市场需求、产品定位、竞品分析和商业可行性等方面；使用用户数据、竞品调研、行业报告等客观证据，增强方案的可靠性。

2. 误区二：用"创新"代替"价值"

很多设计团队在提案时，过于强调产品的创新点，而忽略了创新如何转化为市场竞争力。企业关心的不是你的设计有多"炫"，而是：

① "这个创新是否真的能吸引用户？"

② "企业能不能通过这个创新赚到钱？"

③ "竞品是否容易复制这个创新？"

（1）错误示例

"我们的产品是市面上唯一采用低摩擦硅胶的按摩器！"

这类表达听起来很"炫酷"，但企业评审的第一反应是："所以呢？"

① 这项技术能带来什么市场优势？

② 用户是否愿意为这项技术买单？

③ 企业投入成本后，是否能获得可观的回报？

如果没有明确回答这些问题，提案很难让企业产生投资兴趣。

（2）优化方式

"相比于传统按摩器，我们采用低摩擦硅胶技术，按摩舒适度将提升20%，用户复购率将提升25%。"

① 优化后，企业的思考路径变为：这个创新点确实能带来更好的市场表现 → 这个设计值得投资。

② 优化建议：通过用户反馈、市场测试数据、竞品对比，说明创新点如何带来更好的用户体验、更强的市场竞争力、更高的利润回报。

3. 误区三：数据前后矛盾

企业在评估提案时，最忌讳数据前后不一致。如果一个方案的数据不自洽，企业会直接认为"这套方案不可靠"，哪怕其他部分讲得再好，也可能被整体否决。

（1）错误示例

第一页：目标市场预计年增长率为15%。

第八页：市场预计3年内增长80%。

如果企业认真阅读提案，就会产生以下质疑：

① "你的市场预测到底是怎么算的？"

② "如果年增长率是15%，3年后市场增长应该是50%左右，为什么你说是80%？"

③ "数据来源是否可靠？"

当企业对数据的可靠性产生怀疑时，提案的整体可信度就会下降。

（2）优化方式

"智能按摩器市场预计年增长率15%，综合来看，未来3年市场增长总计约50%。这个数据基于过去5年的行业趋势，符合市场发展逻辑。"

① 优化后，企业的思考路径变为：数据可信 → 预测合理 → 方案值得考虑。

② 优化建议：在提案撰写前，先统一数据来源，确保所有增长率、市场预测等信息一致；在每个数据结论后标明"数据来源"或"计算逻辑"，以提升可信度。

4. 让提案表达更精准，提升企业认可度

① 确保信息完整，避免让企业"自己补充假设"导致误判。

② 不要只讲创新，而要讲创新如何推动企业增长。

③ 确保所有数据一致，避免逻辑矛盾，让方案更可信。

如果你的提案能够做到"清晰、精准、可信"，那么企业评审团队就会更容易理解、接受并愿意投资你的方案。

▶ 三 案例解析：让提案既清晰又具备商业吸引力

本案例讲述了面对多个强劲的竞争对手，设计团队如何在调奶器优化设计竞标中成功吸引企业关注，并最终赢得投资。这个案例不仅展示了如何让创意从零散的构想到完整的商业方案，更是一次"让提案表达更清晰"的实战演练。

1. 制造紧迫感，吸引企业关注

企业评审团队每天会接触大量提案，如果在短时间内无法让他们意识到方案的重要性，提案就容易被忽略。设计团队在本次竞标中，首先通过市场数据和用户痛点分析，迅速让企业意识到问题的紧迫性，并对项目产生兴趣。

（1）关键策略

① 精准定位市场问题，让企业看到现有产品的不足，并意识到这是一个亟待解决的问题。

② 用数据强化市场痛点，让企业相信，如果不尽快优化产品，市场份额可能会被竞争对手蚕食。

（2）具体做法

① 市场数据引导企业关注。

·60%的竞品存在操作复杂、交互不直观的问题，但市场上仍然没有有效的解决方案。

·在竞品的用户反馈中，大量消费者长期抱怨加热时间过长、温控不精准、夜间操作不便，但企业一直未能做出有效改进。

② 优化后的表达方式（让企业感受到问题的紧迫性）。

"市场数据显示，超过60%的消费者认为现有调奶器的交互复杂，夜间使用不便。但目前市场上尚未有产品真正优化这一痛点。这不仅影响了用户体验，也导致

了品牌的忠诚度下降。"

优化后，企业的思考路径变为：这个问题确实存在→目前市场上还没有真正的解决方案→这可能是一个新的商业机会。

2. 强化视觉语言，提升方案表达力度

一个表达混乱、信息密集的提案，往往会让企业高层在短时间内难以抓住核心价值。为了让提案表达更清晰，设计团队采用了视觉化表达，直观展示了方案的市场优势、设计亮点和竞品对比，让企业能够"看得懂""看得快"。

（1）关键策略

①用图表代替冗长文字，让企业快速理解市场问题的严重性。

②通过竞品对比，让设计方案的独特性更直观可见。

（2）具体做法

①数据图表：直观展示市场痛点。

·利用信息图表（图3.4和图3.5）展示竞品用户反馈，明确指出消费者的核心痛点。

②竞品对比图，凸显设计价值。

设计团队制作了新款调奶器的核心创新点对比图（图3.6），展示了夜灯、温控防烫功能等优势，突出了其市场竞争力。

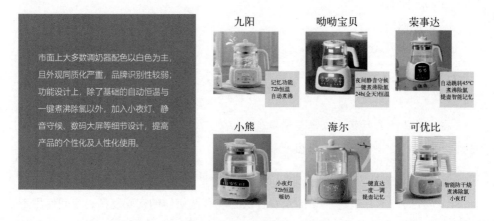

图3.4　竞品市场痛点分析

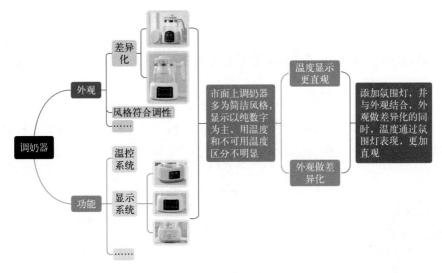

图 3.5　竞品分析思维导图

设计对比
— 产品分析 —

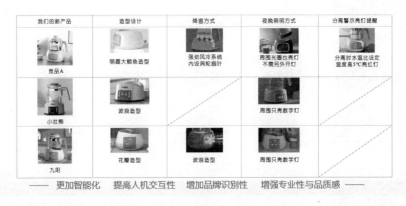

图 3.6　新款产品与竞品设计对比分析

3. 确保设计可落地，消除企业顾虑

如果无法确保设计可行、生产落地，提案依然不会通过。设计团队在本次竞标中，针对企业可能的顾虑，提供了详细的技术验证、供应链支持和生产成本优化方案，打消了企业的疑虑。

（1）关键策略

① 用实际数据证明生产可行性，让企业相信设计不是"空中楼阁"。

②控制成本，提高投资回报率，让企业看到盈利潜力。

（2）具体做法

① 技术验证：展示了新款调奶器如何在现有生产线上直接实现，无须额外投资。

②供应链支持：证明已有供应链可以支持量产，确保方案顺利实施。

③ 生产成本优化：通过优化生产工艺和材料选择，我们成功将成本控制在53.27元，仅比竞品高出2.25元，但在功能和用户体验上大幅提升（表3.3）。

表3.3　调奶器成本价格对比表

项目	调奶器	竞品
成本/元	53.27	51.02
上盖	盖子、盖子密封圈、盖子不锈钢	盖子、盖子密封圈、盖子不锈钢
上盖成本/元	3.53	3.81
底座	底座塑料部件、底座硅胶塞、底座硅胶垫、密封圈	底座塑料部件、其他塑料件、底座硅胶垫、密封圈
底座成本/元	3.74	3.46
面板	透明触控面板、光源遮挡件、发光圈、显示板	透明触控面板、触控面板固定件、触控PCB
面板成本/元	26.02	25.23
其他	壶身玻璃、风扇、连接线、电源线、压线卡扣、上盖提手、把手部件、发热盘、螺纹温度传感器不锈钢环、包装＋说明书、耦合器、法兰螺母	壶身玻璃、不锈钢环、塑料把手、固定铝圈、316不锈钢加热面、加热模块1、加热模块2、电源线、固定螺钉、内层包装＋外层包装＋说明书
其他成本/元	19.98	18.52

4.让提案表达更清晰，赢得最终认可

设计团队凭借清晰的市场定位、完整的落地方案和有力的数据支持，成功赢得

了企业高层的认可，并最终获得了投资。恒温调奶器最终产品图见图3.7。

图 3.7　恒温调奶器最终产品图

（1）关键策略

① 通过数据证明市场痛点，让企业认识到问题的严重性。

② 视觉化表达让企业"看懂"方案的优势，而不是靠解释去"说服"。

③ 完整的落地方案让企业相信设计能顺利投入生产，而不是仅停留在概念阶段。

（2）关键经验总结

① 避免"随便做个PPT"的错误，把提案当作商业工具来构建。

② 通过市场数据、视觉语言和竞品对比，使提案更具吸引力和可验证性。

③ 确保技术可行性、供应链支持和成本控制，让企业消除投资顾虑。

第二节　让提案"说话"：用视觉语言传递价值

想让企业高层迅速看到设计的价值，视觉表达是一种高效的沟通方式。相比于冗长的文字说明，视觉语言能够更快速、更有效地传递信息，帮助决策者迅速抓住提案的核心亮点。

因此，利用合适的视觉表达，不仅能让复杂的信息一目了然，还能帮助决策者迅速理解方案的商业价值，提升提案的说服力，促使企业做出快速且明确的决策。

在实际提案过程中，清晰的视觉呈现往往比抽象的文字更能引发企业高层的关注和兴趣，让他们快速建立对方案的信任感。

在本节中，我们将深入探讨：

① 为什么在提案中用图表和图片比用纯文字更有效？

② 如何让PPT成为"设计推销员"，帮助你更好地传递设计价值？

③ 信息可视化如何帮助你将复杂的概念变得简单直观？

▶ ─ 视觉比文字更有说服力

为什么你的设计需要"会讲故事"？在企业的决策会议上，设计师通常只有几分钟时间来展示方案，但高层管理者的注意力往往十分有限。相比于长篇大论，一张直观的示意图、一段流畅的产品动画，甚至是一个巧妙设计的PPT页面，往往能在几秒内抓住他们的注意力，让他们立刻理解你的方案。

1. 为什么视觉语言更能增强说服效果

（1）大脑偏爱图像，视觉信息传递更快

研究表明，人类处理视觉信息的速度比处理文本快60000倍，90%的大脑信息是通过视觉处理的。这意味着，相比于长篇文字，一张清晰的示意图能让你的设计方案更快被理解。

（2）示例

① 让人看一页写满文字的报告与让人看一张清晰的产品示意图，哪种方式能更快让人理解你的设计价值？

② 在产品设计提案中，用一张竞品对比图，往往比500字的文字解释更直观、更易理解。

（3）优化建议

① 减少无意义的文字说明，改用图表、流程图、对比分析，让信息一目了然。

② 强化视觉表达，使用产品功能图、市场趋势图、用户痛点分析示意图，提高信息传递效率。

设计提案中的电动滑板车竞品分析图和新旧款小米滑板车对比雷达分析图见图3.8和图3.9。

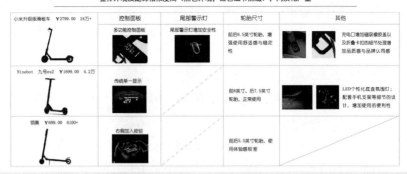

图 3.8　设计提案中的电动滑板车竞品分析图

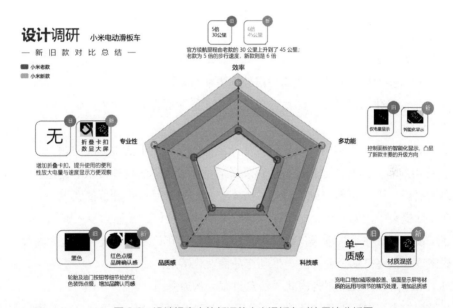

图 3.9　设计提案中的新旧款小米滑板车对比雷达分析图

2.高层管理者的决策习惯

企业高层每天需要处理大量信息和决策，他们没有时间逐字阅读报告，而是更倾向于快速浏览关键数据和核心亮点，直奔决策点。

（1）他们关注的核心问题

在提案时，管理层更关注投资回报。

① 他们不会问："这是什么？"而是会直接问："这能带来什么价值？"

② 他们不会问："你们的设计有什么特点？"而是会更关心："这能帮企业提升多少销量？"

（2）优化建议

① 在PPT开头就呈现核心数据，让管理者一眼看到市场潜力、用户需求、投资回报。

② 减少不必要的"设计过程"描述，直接展示设计的商业价值。

③ 用直观的竞品对比，快速说明你的产品如何胜出。

3. 视觉表达能引发情感共鸣

视觉表达除了传递信息外，还能有效激发企业高层的情感共鸣，让他们更容易理解并认可你的方案。相比于单纯的数据和技术描述，场景化的呈现能让人更快地理解设计的价值。

（1）示例

① 一个真实的用户故事往往比一堆数据更能打动决策者。

② 一张情境化的产品使用图片比单纯的功能描述更容易打动人。

（2）优化建议

① 在提案中加入真实用户场景，例如产品如何在用户生活中解决问题。

② 使用前后对比的视觉表达，让管理者清楚地看到你的设计带来的变化。

案例解析：从30页报告到"秒懂"方案，如何精准呈现设计价值？

在设计提案中，如何让企业快速理解方案的核心价值，并愿意投入资源？本案例讲述了设计团队在手持洗澡仪设计提案中，如何从冗长复杂的报告转变为高效直观的提案，并最终打动企业高层，推动产品商业化落地。

（1）第一阶段：传统报告模式，信息过载，沟通受阻

在最初的提案中，设计团队投入了大量时间进行市场调研、竞品分析、用户需求研究，并制作了一份详尽的50页PPT，试图以数据说服企业决策层。报告包含以下内容：

① 市场趋势：全球洗浴用品市场增长情况。

② 竞品调研：对多个明星产品进行功能、材质、用户评价分析，剖析竞品优劣势。

③ 用户需求调研：包括洗澡习惯、清洁死角、握持舒适度、易用性等数据

分析。

前期调研部分多达30页PPT，内容翔实且信息丰富，团队希望通过完整的行业研究和用户分析，让企业高层相信产品的市场机会和创新价值（图3.10）。

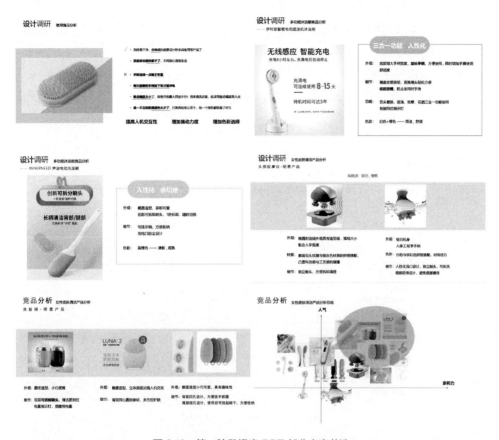

图3.10　第一阶段提案PPT部分内容节选

然而，企业高层的反馈却出乎意料：

"能不能简单说下？"

"你们的分析很全面，但总结一下，这个设计和竞品相比有什么不同？"

"一句话，这个洗澡仪值不值得投资？"

反思：为什么企业没有被打动？

· 管理层不需要所有细节，他们需要关键结论。

· 复杂的报告、信息量过载，导致决策效率降低。

·没有清晰地呈现核心卖点，导致高层难以快速抓住产品优势。

团队意识到，仅靠数据无法快速抓住企业高层的注意力，他们需要一个更直观、更具冲击力的提案方式。

（2）第二阶段：调整策略，让提案更具冲击力

团队决定快速调整策略，优化提案内容，将"50页报告"浓缩为"可视化展示+核心数据支持"。

① 核心内容优化。

a.一张对标产品对比表（图3.11）：清楚地展示自家洗澡仪与竞品在使用便捷性、灵活度、清洁范围上的优势。

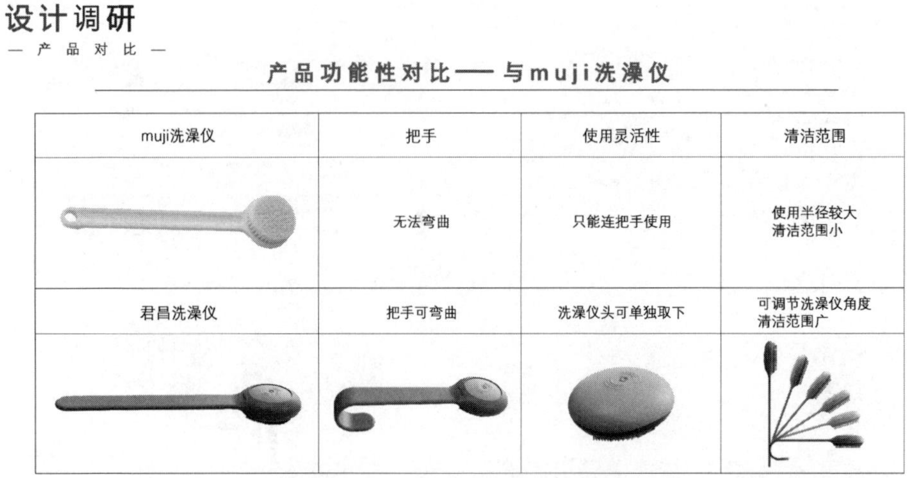

设计调研
— 产 品 对 比 —

产品功能性对比——与muji洗澡仪

muji洗澡仪	把手	使用灵活性	清洁范围
	无法弯曲	只能连把手使用	使用半径较大 清洁范围小
君昌洗澡仪	把手可弯曲	洗澡仪头可单独取下	可调节洗澡仪角度 清洁范围广

图3.11　对标产品分析对比图

b.一个动态图（图3.12）：直观展示洗澡仪手柄的自由弯曲角度，对比传统洗澡仪的固定式设计，让企业立刻理解产品的实用性。

c.一张情境化使用图片（图3.13）：展示用户在浴室空间内，轻松调节洗澡仪的角度，无须费力调整姿势，同时可以拆开使用，满足不同的清洁需求。

用一句话概括产品价值："可拆可弯，双模式手持洗澡仪，覆盖更多的使用场景，满足不同的用户需求。"

② 调整的原因。

·竞品对比：让企业高层快速看到差异点，避免冗长分析。

·动态图示：比文字更直观，让产品特性一目了然。

· 用户场景化呈现：让管理层代入使用情境，增强产品的价值感知。

· 核心卖点一句话概括：避免让高层自行解读，提高提案通过效率。

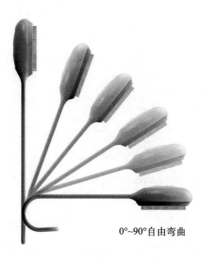

0°~90°自由弯曲

图3.12　洗澡仪手柄的自由弯曲角度

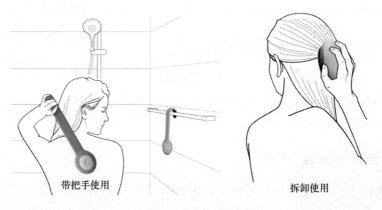

带把手使用　　　　　　　　　　　　　　拆卸使用

图3.13　洗澡仪使用情景图

（3）第三阶段：最终汇报，企业"秒懂"设计价值，推动商业化落地

在调整后的提案中，团队仅用5分钟展示关键视觉信息，便让企业高层清晰地
理解产品的核心价值，最终赢得投资决策。

① 关键优化点。

· 竞品对比一目了然，企业直接理解新设计的市场竞争优势。

·用户体验场景化展示，让管理层代入使用情境，增强投资信心。

·5分钟精准表达产品价值，相比于传统50页报告，提升了提案通过效率和企业决策速度。

② 案例启示。

·管理层不关心复杂分析，他们只想看到"这个产品值不值得投资"。
·长篇报告≠有效提案，精准提炼核心价值才是关键。
·可视化呈现比文字更具冲击力，让产品自己"开口说话"。
·竞品对比＋动态图＋场景化展示，是高效提案的关键策略。

▶▶ 二 让PPT成为"设计推销员"

许多设计师认为，一份精美的PPT就是一份好的设计提案，但实际上，PPT只是设计提案的工具，而不是核心。真正重要的是：如何让PPT成为你的"设计推销员"，帮助你的提案更具冲击力，而不是让它沦为信息堆砌的"幻灯片阅读器"。

核心思路：PPT不只是展示设计，而是让企业"买单"你的方案。

1. 一个优秀的PPT应该具备的内容

① 清晰的信息传递逻辑：观众能够快速理解你的核心观点。
② 精准的视觉表现：让PPT不只是"好看"，而是"有力"。
③ 高效的内容层次：让决策者能在最短时间内抓住关键信息。

2. 避免"灾难级"PPT

如果你的PPT出现以下问题，可能会影响整个提案的效果。
（1）常见的PPT问题
① 信息过载：一页PPT塞满文本、表格、图片，导致观众难以消化信息，反而削弱重点（图3.14）。
② 缺乏层次：所有信息权重相同，观众无法区分核心内容，导致提案逻辑混乱（图3.15）。
③ 缺乏视觉引导：没有清晰的排版逻辑，导致观众不知道该先看哪里，容易丧失耐心。

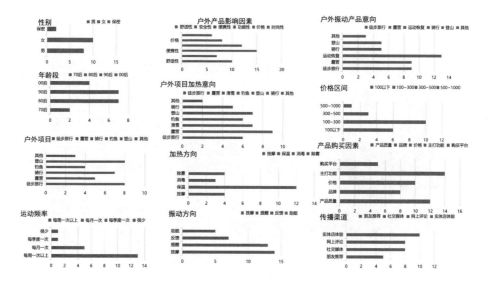

图 3.14　信息量过大的提案 PPT 页面

问卷总结

70后和80后是户外运动的主力军，女性相对较多

加热保温，在钓鱼、露营、徒步登山方面受到普遍欢迎

振动提醒在徒步、骑行方面受到普遍欢迎。振动按摩在运动康复中依旧有着不可撼动的地位

户外产品功能性和便捷性是考虑购买的前几位要素，品种效应目前没有相较于其他产品对用户的影响力

网购和互联网社交媒体是大部分用户获取消息和购买的途径，但实体店也依旧受欢迎

偏女性化设计　　　　　　　　　多功能设计　　　　　　　　　便捷性设计

图 3.15　缺乏层次的提案 PPT 页面

（2）示例：产品用户评价部分提案PPT制作

① 错误PPT（信息过载）：信息堆砌，影响核心观点传达，关键信息被埋没，难以一眼抓住核心优势（图3.16）。

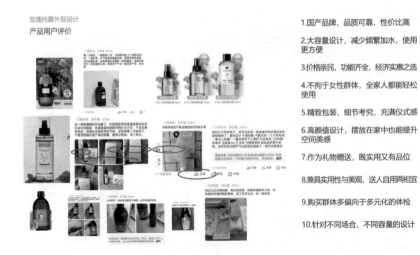

1.国产品牌，品质可靠，性价比高

2.大容量设计，减少频繁加水，使用更方便

3.价格亲民，功能齐全，经济实惠之选

4.不拘于女性群体，全家人都能轻松使用

5.精致包装，细节考究，充满仪式感

6.高颜值设计，摆放在家中也能提升空间美感

7.作为礼物赠送，既实用又有品位

8.兼具实用性与美观，送人自用两相宜

9.购买群体多偏向于多元化的体检

10.针对不同场合、不同容量的设计

图 3.16　错误的用户评价提案 PPT 页面制作

② 优化PPT（精准表达）：采用精简表达＋直观图片，提升可读性和理解度。对信息进行整理，通过关键词总结，让PPT内容一目了然（图3.17）。

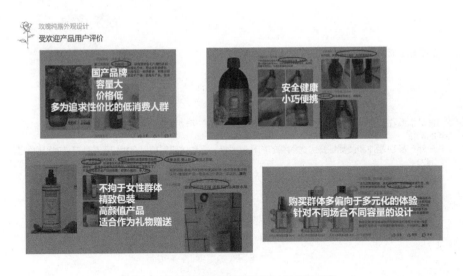

图 3.17　优化后的用户评价提案 PPT 页面制作

3. 如何让 PPT "开口说话"

PPT不是单纯用来"展示设计"的，而是用视觉帮你说服企业的关键工具。好的PPT不能只是让人"看懂"，还要让人真正认可你的方案价值。

（1）PPT优化三大核心技巧

① 一页只讲一个重点：让观众一眼就能理解你要传达的信息。如果一页PPT塞满多个主题，观众会难以抓住重点，甚至记不住关键信息。

② 错误方式："这张PPT同时讲产品功能、市场定位、成本优势。"

③ 正确方式："一页PPT＝1个核心信息"，比如："用户痛点"只展示用户调查数据，"产品功能"用简单图示展示核心功能（图3.18），"市场前景"用市场增长曲线图展示趋势。

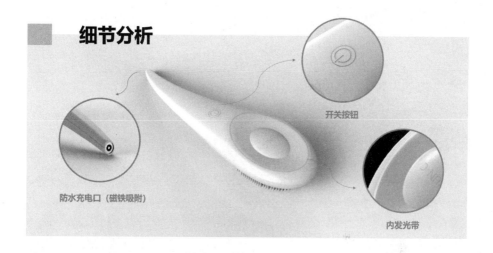

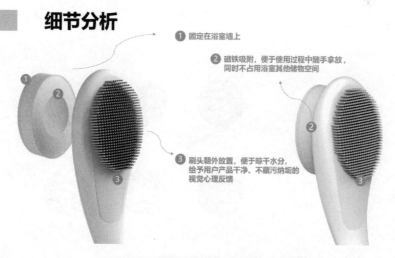

图 3.18　用简单图示展示产品细节与功能

（2）利用对比强化重点

对比是最有效的说服方式之一，它能让你的方案从竞品中脱颖而出，让企业高层快速理解你的竞争优势。

优化建议：

① 用颜色强化信息对比：红色突出市场痛点，绿色强调优化方案，或使用不同颜色区分不同内容类型，使信息更直观易读，提高PPT的表达效率（图3.19）。

② 用大小制造层级感：核心数字放大显示，使决策者一眼看到关键数据（图3.20）。

③ 用前后对比强化改进：对比"竞品与你的方案"效果（图3.21）。

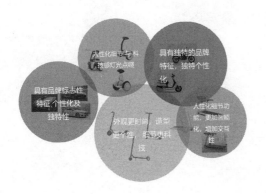

图 3.19　用不同颜色区分不同类型总结

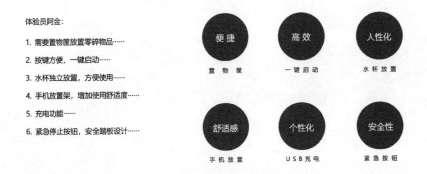

图 3.20　通过大小字体和颜色突出关键词

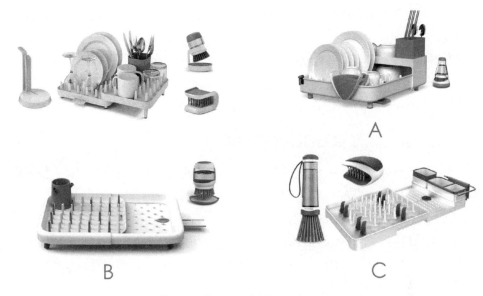

图 3.21 竞品和设计方案 A/B/C 对比

（3）巧用图表替代文字

当PPT中充满大段文字时，观众阅读的速度永远赶不上你演讲的速度，导致提案信息传递受阻。因此，善用图表、信息图和示意图，让信息更直观、更易于理解。

优化建议：

① 用条形图呈现市场对比（如市场增长率、用户需求比例）。

② 用饼图展示数据占比（如用户满意度、竞品市场份额）。

③ 用流程图展示产品交互路径（降低复杂度，让信息一目了然）。

▶ 三 信息可视化：让复杂变简单

在设计提案中，信息可视化的作用不只是让PPT看起来更漂亮，而是用图像、数据和场景体验，把原本复杂难懂的设计核心直观地呈现出来，让企业高层一眼就能看明白你的方案到底好在哪里。

许多关键数据和用户体验难以用文字精准表达，但通过可视化方式，能够让这些信息更具冲击力，使设计方案更直观易懂。

核心目标：让企业"看懂"你的设计，而不是"费力理解"。

一个好的设计不仅要"讲出来"，更要"被看懂"。在设计提案中，信息可视化是关键，它能帮助企业决策者快速理解设计的核心价值。以下几个内容特别适合通过可视化表达：

①数据图表化：让市场趋势、用户偏好、竞争分析更直观。

②产品功能可视化：让结构、功能、使用流程一目了然。

③用户体验可视化：让企业决策者"感受到"用户场景，增强代入感。

1. 数据图表化: 让数据自己"开口说话"

企业决策者通常不会花太多时间分析一堆表格或文字描述的市场数据，但如果你用一张清晰的图表呈现，他们可以在5秒内得出结论。

（1）适合用数据可视化的内容

①市场趋势（折线图、直方图）：让企业看到市场规模增长，证明投资价值。

②用户需求分析（饼图、雷达图）：展示用户对特定功能的偏好，让企业明白需求方向。

③竞品对比（条形图、对比表）：让你的产品优势一目了然，避免长篇描述。

（2）优化示例

①错误方式（文字表述）："市场预计在未来5年内每年平均增长30%。"

②优化方式（图表表达）：折线图展示市场增长趋势（图3.22）。

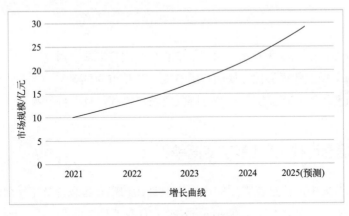

图3.22 市场增长趋势折线图

2. 产品功能可视化: 让功能不再是抽象概念

当企业高层听取设计提案时，他们最关心的问题往往是："这个设计到底是怎么运作的？"如果仅通过语言描述，可能很难让他们准确理解你的设计方案。因此，运用可视化手段将复杂的产品功能转化为直观、清晰的展示，能够有效提升提案的表达效果，让决策者更快抓住设计的核心价值。

（1）适合用功能可视化的内容

①产品结构（剖面图、爆炸图）：让企业了解产品核心技术。

②操作流程（流程图、分解图）：让使用过程更直观。

③设计原理（示意动图、交互原型图）：让概念设计更具可理解性。

（2）优化示例

①错误方式（纯文字描述）："我们的掌心按摩器有两种不同的握持方式，而且结构合理，方便生产。"

②优化方式（功能图示）：

·一张使用方式效果图（图3.23）：展示不同握持方式下的使用场景，直观展示产品的多功能性。

·一张爆炸图（图3.24）：展示按摩器的结构和组件，清晰地说明其合理设计和生产的可行性。

·一张透视图（图3.25）：展示电动机和电池的位置，从不同角度清晰呈现内部结构，帮助理解产品的功能配置和空间布局。

效果图细化 造型分析

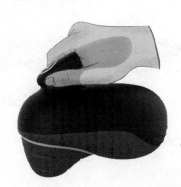

两种不同的握持方式

适应不同手掌大小的消费人群使用

图3.23 掌心按摩器的不同握持方式

效果图细化 结构分析

- PCB放于1号与2号两件之间

- 3号橡胶件套在4号左右两件之外

- 4号左右两件用螺钉固定在5号件上

- 6号件单独夹在5号和7号之间，用螺钉固定

图 3.24　掌心按摩器爆炸图

效果图细化 结构分析

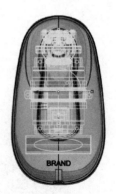

图 3.25　掌心按摩器透视图

3. 用户体验可视化：让企业高层 "感受到" 产品价值

企业最终投资一个产品，最核心的驱动力是市场需求。但是，用户需求本身是一个抽象的概念，如何让企业更直观地感受到用户的真实痛点？

用户场景模拟（图3.26）：让企业感受到产品的实际使用体验。

设计前后对比（图3.27）：让企业看到设计的改变带来的实际价值。

痛点解析：让企业理解用户真正的需求。

将两个吸盘扶手连在一起，可绕中轴旋转，用户安装更加便捷、使用更加方便

图 3.26　吸盘扶手产品用户使用场景图

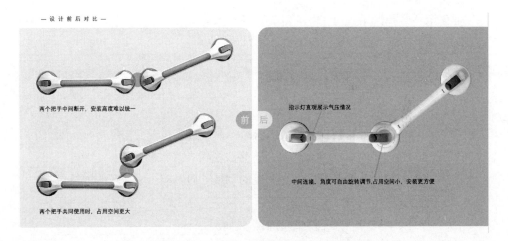

—设计前后对比—

两个把手中间断开，安装高度难以统一

两个把手共同使用时，占用空间更大

前　后

指示灯直观展示气压情况

中间连接，角度可自由旋转调节，占用空间小、安装更方便

图 3.27　吸盘扶手产品设计前后对比图

第三节　让提案开口打动：从展示到共鸣

一份真正有价值的产品设计提案是一场精准、高效的商业沟通。很多时候，提案并不是输在创意或内容上，而是因为没能让决策者真正理解并接受它的实际价值。

那么，如何让设计提案不仅"被看到"，更能"被听懂、被认可，并最终促成投资"？关键在于让决策者在短时间内抓住方案价值，与提案产生共鸣，从而推动企业做出决策。

在本节中，我们将深入探讨：

① 如何针对不同角色调整语言，让决策者精准理解方案价值？

② 如何用"商业故事"让设计提案变得生动易懂？

③ 如何通过演讲技巧增强信服力，真正推动企业决策？

 一　让不同角色"听得懂"：提案的语言调整

如何调整语言，让CEO、市场团队、研发团队和供应链团队各自"听懂"并认可？以下是针对不同角色的优化策略。

1.CEO/ 高层决策者：让数据开口

（1）CEO的核心关注点

① 商业价值：设计如何提升市场占有率？品牌溢价是否会增加？

② 投资回报率（ROI）：企业需要投入多少资源？多久能回本？

③ 战略匹配：这款产品是否符合企业的发展方向？能否成为新的增长点？

（2）错误示范

"我们设计了一个非常有创意的未来感界面。"

问题：这种表达方式强调的是"创意"和"视觉风格"，而CEO更关心的是这项设计能带来什么实际收益。

（3）优化示范

"优化后的UI设计提升了数据展示效率，预计用户留存率提升25%。这意味着品牌在年轻市场的吸引力提高，可提升市场占有率30%。"

优势：用数据搭建逻辑链，让CEO看到"设计 → 用户体验提升 → 品牌价值增长 → 市场占有率提升"的商业路径。

（4）额外提升策略

① 量化设计价值：如果可能，提供竞品对比数据或历史案例，强化投资回报的可预见性。

② ROI可视化：在提案PPT中，以数据图表的方式呈现投资回报预测，例如"设计改进后预计能提升15%的市场份额，并在1年内回本"。

③ 用商业语言，而非设计术语：CEO更关注的是收益，而不只是UI或风格的细节。

2. 市场团队：让用户需求开口

（1）市场团队的核心关注点

① 用户需求：目标用户真正关心的是什么？设计如何满足他们的需求？

② 品牌契合度：这个设计是否符合品牌形象？能否帮助品牌进入新的市场？

③ 营销推广：这个设计是否有独特的市场卖点？是否能够产生传播话题？

（2）错误示范

"这款产品设计很大气，界面也很有科技感。"

问题：过于主观，没有数据支撑，也没有体现出用户需求和市场趋势。

（3）优化示范

"80%的年轻消费者表示，智能产品需要更简洁直观的交互体验。我们的UI设计减少了30%的操作步骤，满足这一需求，同时提高品牌在年轻市场中的竞争力。"

优势：强调了"用户痛点 + 竞品分析 + 设计优化点"的叙述逻辑，使市场团队能够直接将设计价值转化为营销策略。

（4）额外提升策略

① 加入竞品对比：提供市面上竞品的UI设计案例，并突出改进点。

② 结合市场调研数据：例如，"在对目标市场的调研中，75%的消费者表示希望减少烦琐的操作，我们的方案能满足这一需求。"

③ 品牌传播价值：解释设计如何帮助品牌在社交媒体或营销渠道上获得更多关注，如"优化后的设计更适合短视频传播，有助于提升品牌曝光度。"

3. 研发团队：让技术开口

（1）研发团队的核心关注点

① 技术可行性：这个设计能否落地？是否符合现有的技术路线？

② 开发成本：如果需要额外开发资源，成本是否在可控范围内？

③优化迭代：如果产品需要升级，这个设计能否快速调整？

（2）错误示范

"我们的设计是超未来感的玻璃材质。"

问题： 研发团队更关注的是技术实现的难度、材料成本，而不是"未来感"这种主观描述。

（3）优化示范

"采用透明复合材料，保留玻璃质感的同时，降低生产复杂度，预计生产成本仅增加8%，且能直接适配现有供应链。"

优势： 通过"材料选择 + 生产优化 + 成本控制"的逻辑，确保研发团队认为设计方案"能落地"。

（4）额外提升策略

①提供技术实现路径：列举可用的技术方案，而不是仅描述概念。

②展示制造实验数据：如果可能，提供小规模试产数据或实验室测试数据，以增加可信度。

③减少主观描述，增加技术细节：例如"我们采用一体化成型设计方案，可以使模具开发成本降低20%。"

4. 供应链 / 制造团队：让生产逻辑开口

（1）供应链和制造团队的核心关注点

①生产落地：材料是否容易采购？模具成本是否过高？

②成本控制：设计是否增加制造成本？有没有优化空间？

③制造难度：是否容易大规模量产？生产良品率是否可控？

（2）错误示范

"这款产品采用了全新的工艺，看起来更具创新性。"

问题： 制造团队需要知道工艺难度、成本是否可控，而不是"创新性"。

（3）优化示范

"采用标准化零部件，能够直接适配现有供应链，模具成本比行业平均水平低20%，生产良品率预计可达98% 以上。"

优势： 通过"供应链适配 + 生产效率 + 成本可控"的逻辑，让供应链团队放心生产落地。

（4）额外提升策略

①提供材料采购信息：如"材料X已在国内有3家稳定供应商，可确保生产周期稳定。"

② 结合生产工艺优化：如"采用模块化设计，使装配时间缩短15%，提升生产效率。"

③ 用成本数据强化决策：如"在保持设计美感的前提下，我们的方案能降低10%的制造成本。"

▶ 二　让提案成为一场"商业故事"

如果设计提案只是罗列功能优化点，听众可能会兴趣寥寥；但如果它讲述的是用户痛点、市场机会、产品如何解决问题，以及企业能获得的商业回报，企业就更容易认可并投资。

1. 讲设计不等于讲产品

许多设计师在提案时，习惯性地陷入产品细节的描述，比如：

"我们优化了造型曲线，使产品更符合人体工程学设计。"

"我们采用新型材料，提高了耐用性。"

这种表达对设计师来说或许合情合理，但对于企业决策者，尤其是市场团队、CEO、供应链团队等关键角色来说，却可能毫无吸引力。

企业决策者真正关心的是：

① 这个设计能否创造新的市场机会？

② 这个产品能否提高利润？

③ 这个设计的独特性，能否真正打动用户、形成市场竞争优势？

设计提案不应只是产品功能的罗列，而应是一场"故事驱动"的商业叙事。决策者更容易接受生动的商业故事，而不是生硬的产品说明书。

2. 如何让设计提案变成一场商业故事

商业故事的核心在于：先提出问题，让听众意识到需求；再给出解决方案，展现设计的独特性；最后强调商业价值，让企业看到投资的回报。以下是一个完整的商业故事框架：

① 问题（用户痛点/市场机会）：用户在使用同类产品时遇到的痛点，或市场上尚未被满足的需求。

② 故事场景（让听众代入）：通过具体场景描述让听众快速代入，感受问题的紧迫性。

③ 解决方案（你的设计如何解决问题）：清晰地展示设计如何精准解决用户痛

点，满足市场需求。

④ 经济效益（带来的收益/市场潜力）：用数据和事实说明设计如何提升销量、降低成本、提高品牌竞争力、带来可观的商业回报。

这样的讲述方式不再是单纯地介绍功能，而是让企业高层直接看到设计带来的市场价值和投资回报。

3."商业故事"结构拆解

这里我们以前文提到的手持按摩器设计优化案例（图3.28）为例，详细拆解如何将设计提案转化为一场打动企业决策者的"商业故事"。

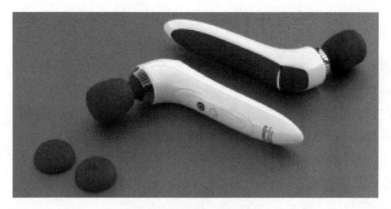

图 3.28 手持按摩器设计案例

（1）第一步：从"问题"开始，而不是从"方案"开始

在提案中，应首先直击用户或市场的真实痛点，而非直接介绍设计细节。这样可以迅速抓住听众的注意力，让他们意识到问题的严重性和设计介入的必要性。

① 示例（手持按摩器案例开场）。

·"对于目前市场上的手持按摩器，用户的主要反馈是握持不舒适、噪声过大、按摩力度不足。这不仅影响了使用体验，也成为用户放弃购买的主要原因。"

② 这样说的原因。

·这样一开场，听众就知道这个设计提案是在解决真实问题，而不是"为设计而设计"。
·企业高层、市场团队、研发团队都会有兴趣继续听下去，看看方案如何应对这些痛点。

（2）第二步：用真实场景让听众产生共鸣

仅列数据和结论远远不够，优秀的设计提案需要通过具象化的场景描绘，让听众"身临其境"地感受到问题，从而激发情绪共鸣。

① 示例（强化用户场景感受）。

· 传统表达方式："当前产品的噪声水平为60dB，影响使用体验。"

· 商业故事化表达："想象一下，用户在一天疲惫的工作后，想要舒适地按摩肩颈，但当他打开按摩器时，马达的高频噪声让人心烦意乱，握持5分钟手就开始酸痛……这样的产品，用户怎么可能喜欢？"

② 这样说的原因。

· 让企业高层代入用户视角，从用户角度看问题，而不是冷冰冰的技术数据。
· 让问题更具象化，听众更容易理解用户的不满，并认可设计优化的价值。

（3）第三步：展示解决方案，但不要"堆技术"

在展示设计方案时，避免堆叠枯燥的技术参数，要清晰地指出每一项优化对应解决了哪些用户痛点、带来了什么具体改善。

① 示例（手持按摩器的设计优化表达）。

· 传统表达方式：

许多设计师喜欢直接展示设计方案，比如："我们重新优化了按摩器的握持角度，增加了15°的弧度，使其更符合人体工程学设计。"这对设计师来说没问题，但对于企业高层和市场团队来说，这仍然是设计语言，而非商业语言。

· 商业故事化表达：

"我们的设计团队针对用户反馈做了三项优化：

握持体验升级：通过人体工程学设计，优化握持角度15°，让用户长时间使用不易疲劳。

降噪优化：采用静音马达技术，降低噪声30%，让用户可以在更舒适的环境中使用。

按摩效果提升：通过优化振动幅度和力度，使按摩效果提升20%，更接近专业按摩体验。"

② 这样说的原因。

· 这样不仅展示了方案，还明确了优化的目标和数据，让企业能清楚地看到设计的改进点。

· "握持角度 +15°" 这样的数据，如果没有与用户需求、市场表现相关联，企业决策者听了也不会太在意。

· 这里用 "更接近专业按摩" 这样的表述，形象化地提升了方案的价值。

4. 强调项目效益，让企业看到成果

在提案最后，必须回到企业最关心的问题：设计带来的实际收益和投资回报。用具体数据支撑项目的市场前景和收益预期。

① 示例（手持按摩器项目效益表达）。

· 传统表达方式："我们的产品优化方案已经过多次测试，效果提升明显。"

· 商业故事化表达："我们的用户调研数据显示，75%的目标用户希望按摩器握持更舒适，噪声更低。优化后，我们的实验测试结果显示，产品噪声降低30%，按摩力度提升20%。这意味着更好的用户体验、更高的市场接受度，以及更强的品牌竞争力。预计上市后，该产品能抢占竞品市场的15%份额，并在1年内回本。"

② 这样说的原因。

· 用数据支撑设计方案的合理性，让企业有信心投资。
· 明确市场机会，让企业看到产品的商业潜力，除了设计上的改进外。
· 强调ROI（投资回报率），企业高层最关注的就是这点，提前说明有助于决策。

▶ ❸ 打造有感染力的演讲：语速、停顿、互动的力量

在设计提案中，演讲不仅是传递信息的工具，更是打动企业决策者的利器。一份具有竞争力的设计提案，能否真正赢得企业的认可和支持，取决于演讲者如何将这些内容生动、清晰地呈现出来。以下是一些关键技巧，帮助你打造一场有说服效力的提案演讲。

1. 演讲方式比内容更重要

许多设计师在提案演讲时，常犯以下错误：
① 语速过快，听众跟不上节奏，关键信息被忽略。
② 声音单调，缺乏语调变化，难以吸引注意力。

③ 没有停顿，信息密集，听众无法消化。

④ 缺乏互动，听众被动接受，兴趣流失。

2. 如何让提案演讲更具影响力

在演讲中，语速、停顿、语调和互动是增强表达效果的四大关键技巧。

（1）控制语速，给听众留出理解的时间

① 错误示范："我们做了市场调研发现噪声是用户最不满意的点，所以我们优化了噪声控制提升了按摩力度……"（语速过快，信息量太大，听众难以消化）。

② 正确示范："我们做了市场调研……（稍作停顿），发现噪声问题，是用户最不满意的点。（再次停顿）所以，我们优化了噪声控制。不仅如此……（停顿）我们还提升了按摩力度。"

③ 这样做的原因。

· 语速适中，听众更容易理解关键信息。

· 关键数据、结论部分放慢语速，给听众留出思考时间。

· 适当停顿，让信息变得有层次，而不是一股脑地灌输。

（2）运用停顿，增强重点信息的冲击力

很多人习惯一口气说完所有内容，但缺乏停顿会让听众的理解效率大幅降低。正确的停顿可以让关键信息更具冲击力。

① 错误示范（无停顿）："这款产品优化了噪声控制增强了握持舒适度并且提高了按摩力度。"（信息密集，听众难以消化）

② 正确示范（适当停顿）："这款产品，优化了噪声控制……（停顿1秒），增强了握持舒适度……（停顿1秒），并且，提高了按摩力度。"

③ 这样做的原因。

· 停顿让听众有时间吸收信息，提升理解力。

· 适当停顿可以增强演讲的节奏感，让信息更具冲击力。

（3）调整语调，让演讲更有层次感

单调的语调会让听众走神，而适当的语调变化可以有效引导听众的注意力。

① 语调调整技巧。

· 讲到关键数据、结论时，语调稍微提高，吸引注意力。

· 讲到市场痛点时，语调适当降低，营造沉浸感。

· 讲到转折点（如"但是""所以"）时，短暂停顿，突出重点。

② 示例。

"市场调研显示,75%的用户更看重按摩器的静音效果。（语调稍微提高）然而，市场上80%以上的产品，噪声都超过60dB，这成为用户最不满的地方。（语调稍微降低，营造沉浸感）所以，我们做了一项重要的优化。（停顿）我们的设计，降低了30%的噪声！（语调提高，引起关注）"

③ 这样做的原因。

· 通过语调变化和停顿控制，使演讲更具层次感，避免单调。
· 突出重点信息，让听众更容易抓住关键信息并记住核心内容。
· 增强表达的节奏感，提高说服力，让听众更自然地接受观点。

（4）增加互动，让听众主动参与

提案演讲不是单方面的信息灌输，而是让听众参与其中。通过提问、对比、假设等方式，引导企业高层和市场团队从他们的业务角度理解方案的价值。

① 互动技巧。

· 提问式互动：让听众思考，增强代入感。
· 选择式互动：让听众给出反馈，增强参与感。
· 数据对比式互动：引导听众得出结论。

② 示例。

· 传统方式（无互动）："我们的设计优化了握持舒适度，降低了噪声，并且提升了按摩力度。"

· 增加互动（让听众代入思考）："如果你是用户，你会更倾向于选择更安静的按摩器，还是更高功率但噪声大的？（停顿，等待反馈）我们的市场调研显示，75%的用户，会优先选择更安静的产品！这，就是我们优化噪声的核心原因。"

③ 这样做的原因。

适当的互动能让听众更投入，增加他们对方案的认同感，提高提案的吸引力。

3. 案例解析: 如何用"故事驱动"演讲

以下通过一个案例，展示如何用"故事驱动"的方式，让企业真正理解设计的价值。

（1）案例背景：儿童智能水杯提案

在一次儿童智能水杯的提案演讲中，设计团队最初采用了直白的功能介绍方式，希望通过技术优势打动企业决策者。

① 错误示范："我们的水杯采用食品级硅胶，不含BPA，并且配备智能温度提醒功能。"

这种表达方式虽然清楚地列出了产品的技术特点，但它更像是一份产品说明书，而非商业提案。企业高层听不出设计的核心价值，也无法感受到它与市场需求的关联。

② 改用"故事驱动"表达：后来，设计团队调整了演讲方式，改用"故事驱动"来表达。

优化示范：故事化表达。

想象一下，一个忙碌的妈妈，刚下班回到家，疲惫地坐在餐桌前，想给孩子倒杯水喝，却又有些犹豫——水会不会太烫？

她小心地用手摸了摸杯子，但还是拿不准。

如果这个时候，水杯能直接告诉她"水温刚好，可以放心喝了"，那她是不是就更安心了？

这就是我们设计智能水杯的初衷：用科技给家长省点心，给孩子多一份保护。

③ 为什么"故事驱动"更有效？

·场景代入：通过构建一个真实的生活场景，让听众快速代入用户视角，感受到设计的实际价值，而不是枯燥的技术说明。

·情感共鸣："忙碌的妈妈""烫伤孩子的担忧"，这些细节能触动听众的情感，让企业高层更容易理解用户的需求，而不是看一组技术参数理解。

·价值传递：这个故事不仅展示了产品的功能，还强调了它的核心价值——用科技给家长一个安心的选择。相比于生硬的功能介绍，故事更能让决策者理解设计的商业意义。

④ 结果：提案的影响力提升，方案顺利获批。

在演讲中，企业高层迅速理解了这个设计的价值，方案当场获得批准。

（2）拓展思考：如何在其他提案中应用"故事驱动"

① 找到用户痛点：在提案前，深入调研用户的真实需求，挖掘他们最核心的痛点。故事的力量在于真实的困境，只有精准地把握用户需求，才能让故事与读者产生共鸣。

② 构建场景，让问题具象化：用生动的场景描述让听众感同身受。与其说

"我们的设计优化了使用体验"，不如讲述一个具体的用户故事，让听众"看到"设计的作用。

③ 突出核心价值：在故事的结尾，明确指出设计如何解决用户痛点，并传递产品的市场价值，例如，"给家长省点心，给孩子多一份保护"。

④ 数据支持，提升可信性：故事带来情感共鸣，而数据带来理性支撑。在故事的基础上，用市场调研数据、用户反馈、ROI预测等，让设计价值更具可信度。

（3）总结

故事驱动的方式能让设计提案更有说服力，不只是介绍功能，而是清晰地展现设计如何解决问题。这样的表达方式能让企业高层迅速理解方案的价值，并更快地做出投资决策。

第四节　直面质疑，让提案更有信服力

设计提案的最终目标是让企业相信这个方案值得投资。然而，在提案过程中，企业高层往往不会轻易点头同意，反而会提出各种挑战和质疑。面对这些问题，设计师不能只是"被动解释"，而是要主动引导讨论，用数据和逻辑证明方案的可行性。

面对质疑，设计师需要依靠扎实的数据、清晰的逻辑和有力的论证，让提案更具说服力，推动方案顺利落地。

在本节中，我们将深入探讨：

① 企业在评审提案时最常提出的核心挑战有哪些？

② 如何精准预测企业可能的质疑点，提前布局，避免陷入被动？

③ 面对企业的尖锐问题，如何自信、专业地回应，让质疑变成强化提案价值的机会？

▶ 一　质疑三连：企业最常见的挑战

当设计提案进入企业决策阶段，企业高层、市场团队、研发团队和供应链团队通常会提出三个核心质疑。这些质疑并非针对设计师，而是为了确保方案在技术实现、市场需求和实际效益方面都能满足企业的要求。

如果不能提前准备，设计师很可能在现场被问住，让企业对方案失去信心。因此，在提案前，就要做好数据分析、竞品研究、成本测算等准备，确保应对这些关键质疑。

1. 质疑一：这个方案能落地吗

企业真正关心的是："这个方案能不能真正落地？"如果设计过于超前，生产工艺跟不上，或者成本过高，企业很可能直接否决。

（1）典型挑战

① "这个设计看起来不错，但我们的生产线能做出来吗？"

② "有没有类似的成功案例？有没有工厂愿意承接生产？"

③ "如果大规模量产，成本是不是就会飙升？"

（2）如何应对

① 提前提供技术可行性分析，在提案中说明：

· 该设计是否可以用现有生产工艺实现？

· 如果需要新技术，企业是否有能力升级？投资成本如何？

· 有没有类似产品成功落地的案例？工厂是否能承接？

· 提前对接供应链，与工厂沟通该设计的可行性，避免在提案现场被问住。

② 展示不同可行性方案：如果企业对新技术持怀疑态度，可以提供"渐进式创新"方案。

· 短期优化方案：在现有生产线基础上优化。

· 长期升级方案：配合生产技术迭代进行升级。

（3）附加策略

如果有试生产数据或小批量验证案例，可以提供给企业，以增强可信度。

2. 质疑二：市场真的需要吗

企业还关心："如果市场不接受，再好的设计也是失败的。"CEO关注投资回报，市场团队则关注用户是否愿意买单。

（1）典型挑战

① "你怎么证明用户真的愿意为这个功能买单？"

② "竞品已经做得很好了，我们为什么还要投入？"

③ "这个市场是不是太小？销量能撑得起成本吗？"

（2）如何应对

① 用市场调研和数据说话，而不是靠主观判断。

· 目标用户的真实痛点是什么？ 是否通过调研发现用户的确需要这个设计？
· 竞品的用户评价如何？ 用户希望改进哪些问题？
· 该设计如何填补市场空白，形成差异化优势？

② 利用竞品对比，让企业看到市场机会。

·"目前市场上的产品普遍存在XX问题，我们的设计正好填补了这个空白。"
·"用户对竞品的核心抱怨是XX，而我们的产品解决了这个问题。"

③ 提供市场验证数据，提高认可度。

· 用户访谈与真实反馈："已有80%的受访用户表示愿意为这项功能支付溢价。"
· A/B 测试数据：通过试销或小规模推广，验证产品的市场接受度。
· 线上预购/众筹数据：如果产品已有概念验证，这些数据可以提供用户的真实购买意向。

（3）附加策略

① 如果市场规模存疑，提供行业趋势数据（未来3~5年的市场增长预测）。
② 如果竞品已经占据市场份额，就应强调差异化竞争力。

· 竞品的弱点（如功能不足、价格过高）。
· 该设计如何抓住未满足的市场需求，开拓新的用户群体？

3. 质疑三: 成本能控制吗

企业不会为"高成本但低利润"的设计买单，尤其是成本失控的产品。财务团队关注利润空间，供应链团队关注生产成本。

（1）典型挑战

① "如果按照这个设计，生产成本会不会太高？"
② "利润空间如何？能不能达到我们的盈利目标？"
③ "有没有更便宜的材料或生产方式？"

（2）如何应对

① 在提案中提供成本测算，展示投入产出比。

· 预计生产成本与竞品成本的对比。

· 目标售价与市场接受度。

· 投资回报周期：多久能收回投资？

② 提供成本优化方案，减少企业顾虑。

如果企业担心成本过高，可以提前准备多个不同级别的方案：

· 旗舰版（高端市场）：保留全部创新点，针对愿意支付高溢价的用户。

· 标准版（主流市场）：平衡功能与成本，适用于大部分用户。

· 低配版（成本优化版）：减少高成本设计元素，主打性价比。

③ 与供应链团队合作，优化材料和生产工艺。

· 是否可以选择更具成本优势的材料，而不影响核心设计？

· 是否可以优化生产工艺，降低制造复杂度，提高良品率？

（3）附加策略

① 提供数据支持企业做决策。

· "改进设计后，生产成本降低10%，但市场售价不变，毛利率提升15%。"

· "相比于竞品，我们的生产成本降低20%，但用户愿意支付溢价。"

② 展示长期收益，而非短期成本。

· 强调品牌溢价提升、市场增长带来的长期回报，而不仅是初期投入成本。

面对企业的'质疑三连'，设计团队要主动引导讨论，让高层真正看到方案的商业价值，进而愿意投入资源。

▶ 二　先发制人：如何预测质疑并提前准备

设计提案应该在提案前就预判企业的疑问，并主动给出有力的回答，而不是等企业来提出问题。设计师如果能提前想明白企业高层最担心的是什么，直接给出可靠的数据和解决方案，就能让企业更放心、更容易接受你的方案。

那么，如何精准预测企业可能的反对意见，并做好充分准备？可以从换位思考、复盘失败案例、内部沟通三个角度入手。

1. 换位思考: 站在企业决策者的角度思考质疑点

提案前，先问自己: 如果我是CEO、市场团队、研发团队、供应链团队，我会有哪些顾虑?

不同部门的人关心的利益点不一样，因此设计师需要带着这些问题去审视自己的方案，确保提前回应企业最关注的问题。

（1）从CEO角度思考

① 投资回报测算: 在提案中清晰地展示成本投入与预计收益，可以通过以下方式增强可靠性。

· 预计销量增长: 分析目标市场的用户规模，预测销量增长趋势。

· 价格策略: 展示该产品的溢价能力，分析定价策略如何影响盈利空间。

· 投资回报周期: 估算企业在多久内可以收回成本并进入盈利状态。

② 市场增长预测: 提供行业趋势数据，说明企业如果不推出这个设计，可能会错失哪些市场机会。

· 市场趋势分析: 该行业是否处于增长期? 未来3~5年市场规模预计是多少?

· 竞品布局: 竞争对手是否已经开始进入这个细分市场? 如果企业不跟进，是否会失去竞争力?

（2）从市场团队角度思考

① 用户调研数据+竞品分析: 展示目标用户的真实需求，并分析竞品存在的市场空白。

· 通过用户调研，收集真实反馈，证明市场对该产品的需求。

· 对比竞品的用户评价，分析用户最不满意的地方，并展示如何优化。

· 通过社交媒体、线上销售数据、行业报告等渠道，收集消费者的购买偏好。

② 提供成功案例: 如果竞品已经成功推出类似功能，可以证明市场是有需求的，同时展示如何通过差异化竞争获得优势。

· 竞品A在该市场取得成功，但仍然有用户反馈"功能不够智能"，那么可以强调本产品如何优化用户体验。

· 如果竞品B由于定价过高使市场接受度有限，可以展示如何优化成本，使产品更具性价比。

（3）从研发团队角度思考

① 提供技术可行性分析，用已有技术路径证明方案可以落地。

② 说明如果需要技术升级，成本是否在可控范围内，以及升级带来的长期价值。

（4）从供应链团队角度思考

① 在提案前，提前与供应链团队沟通，了解材料的供应情况和生产工艺的可行性。

② 如果设计需要特殊材料，提供备选方案，确保企业有成本优化的选择。

2.复盘过去的失败案例，避免重蹈覆辙

如果企业以前拒绝过类似的提案，或者对某些设计方向特别谨慎，设计师可以从过往的失败案例中找到企业的关注点，并提前调整方案。

① 回顾企业曾否决的设计提案，找到导致失败的核心质疑点。

· 是否因成本过高而被否决？（这次提案是否控制了成本？）

· 是否因市场前景不明朗而被否决？（这次提案是否有足够的数据支持？）

· 是否因技术难度太大而被否决？（这次提案是否考虑了技术落地问题？）

② 如果有类似产品曾经失败，找出失败的核心原因，然后在提案中主动展示改进方案。

③ 与过去的提案对比，清楚说明这次的设计如何规避之前的失败点，让企业看到改进之处。

3.和企业内部人员提前沟通，获取一线反馈

如果有机会，在正式提案前，可以先和企业内部的市场、研发、供应链团队进行非正式沟通，看看他们对方案的第一反应是什么。这样，设计师可以提前了解企业内部的潜在质疑点，并在正式提案时有针对性地调整内容。

（1）如何高效沟通

① 找关键人员交流：如果可能，可以提前和企业内部的市场、研发、供应链负责人进行沟通，了解他们最关心的问题。

② 测试提案的可行性：在正式提案前，可以在公司内部（或者小范围的行业圈子里）做一次试讲，观察听众的反应，并收集反馈。

③ 关注非正式反馈：在一些轻松的场合，比如会议间隙、团队讨论时，询问"如果是你，你觉得这个设计的最大挑战是什么？"，往往能得到最真实的反馈。

（2）示例：提前沟通带来的价值

假设某设计团队要向企业提案一款新型的环保材料产品，他们提前找到供应链负责人交流，结果发现：虽然环保材料本身很吸引人，但企业担心原材料供应不稳定。

解决方案：设计团队在提案时提前加入了一张"供应链稳定性分析表"，展示环保材料的供应商网络，消除了企业的顾虑，让提案更具可信度。

企业评审提案的过程实际上就是在判断这个方案能否真正带来经济效益。如果设计师等着企业挑问题，就容易陷入被动；但如果能提前预判质疑，并主动提供解决方案，企业更容易认可其可行性。

▶ 三 高效答疑：面对尖锐问题，如何应对自如

即使做好了充足的准备，在设计提案的过程中，仍然可能遇到意想不到的挑战。企业高层、市场团队、研发和供应链负责人可能会提出犀利的问题，甚至让设计师一时无从应对。

面对这些挑战，优秀的设计师不会慌乱防守，而是冷静应对，把每一次质疑转化为进一步证明设计价值的机会。如何在提案评审中精准应对企业的核心关切，让提案在挑战中赢得认可？以下三个关键技巧至关重要。

1. 先确认企业的核心关注点，避免答非所问

企业提出的问题往往不只是表面上听到的那么简单，背后往往还有更实际的担忧。如果设计师没有理解高层真正担心的是什么，就急着去辩解，很容易越解释越模糊，反而让企业高层更不放心。

（1）示例：如何解读高层质疑

① 企业高层质疑："这个设计看起来很复杂，生产会不会有问题？"（真正的担忧可能是：生产工艺是否成熟？成本是否可控？会不会影响量产？）

② 市场负责人："我们之前做过类似的产品，结果市场反响一般。"（真正的担忧可能是：这次的产品如何避免过去的失败？市场数据是否支持？）

（2）应对方式

① 不要急于否定对方的观点，先表达理解："这个问题非常关键，我们在前期调研时也做了充分考虑……"

② 然后用数据或案例支持你的答案："我们的供应链团队已经测试过，这款材料可以稳定量产，并且成本仅增加8%。"

③ 引导企业关注方案的实际效益："相比于传统方案，我们的设计能够缩短生产工艺20%，提升市场竞争力。"

2. 让决策者参与，创造共识，减少质疑

有时候，企业的质疑并不是因为设计本身的问题，而是因为他们缺乏参与感。如果企业高层和团队在整个决策过程中只是被动地接受信息，他们会本能地提出更多质疑。但如果在提案中，让他们成为方案的一部分，让他们的意见被采纳，质疑就会减少，认同感也会提高。

如何让企业高层更有参与感？

（1）策略一：在提案中留出互动环节

不是单向输出，而是邀请企业决策者参与讨论。

· "如果这个产品上线，您觉得最重要的市场推广策略是什么？"

· "从您的经验来看，这款产品在哪些渠道可能卖得更好？"

· "目前我们有两个定价方案，您觉得哪个更符合品牌定位？"

这样做的好处：企业高层的意见被尊重，他们会更倾向于支持这个方案，而不是站在对立面挑毛病。

（2）策略二：采用"选择式提问"，减少直接反对

不要让企业高层做"接受/拒绝"判断，而是引导他们做选择。

① 低效提案方式：

"我们建议做A方案，您同意吗？"（企业只会回答"行"或"不行"，风险高）

② 高效提案方式：

"针对这个产品定位，我们准备了A/B方案。A方案更偏高端，利润更高，但市场推广成本也会增加；B方案更亲民，市场接受度更高。您更倾向于哪种？"

这样做的好处：企业不会直接否定你的提案，而是会站在你的角度思考问题，并主动参与决策。

（3）策略三：在提案前，提前征询关键决策者的意见

企业内部有不同的团队，提前获得支持，减少正式提案时的阻力。

· 如果CEO关注投资回报，在提案前先发一个简短的数据摘要，让他提前了解市场增长潜力。

· 如果市场总监关注用户需求，提前分享调研数据，让他知道这个设计确实有市场。

·如果供应链团队担心生产难度，提前沟通制造工艺的可行性，确保方案落地可行。

案例解析：如何通过"共同决策"减少质疑？

场景：蒸汽足浴桶提案。

在一次家居化蒸汽足浴桶的提案会上，设计团队原本预期会遭遇成本、市场接受度和用户需求的质疑。于是，他们提前采用了让决策者参与讨论的策略，而不是单向输出方案的方式。

（1）先引入市场需求，让企业认可问题的存在

"根据市场调研，超过80%的消费者希望家里的足浴桶占地更小、更易收纳，但目前市场上的产品仍然以大型储水式为主，收纳不便，清理麻烦。"

"我们研究了多个竞品，发现蒸汽式足浴桶在海外市场已有增长趋势，但国内市场仍属空白。"

让企业的思考路径变为："市场上确实存在这个问题 → 现有竞品没有很好地解决 → 这个设计方向值得考虑"。

（2）提供多个方案，让决策者主动参与选择

① 传统的足浴桶与我们的创新设计：

·方案A：高端款（蒸汽＋气泡按摩，带香薰功能，适合中高端消费市场，单价高）。

·方案B：大众款（蒸汽＋基础加热，成本可控，适合中等消费市场，销量大）。

·方案C：便携折叠款（体积最小，针对租房人群，适合电商渠道销售）。

② 让企业决策者参与讨论：

"如果从品牌长期发展来看，您觉得哪个方案更符合市场趋势？"

"从销售渠道角度来看，哪种款式更适合线上推广？"

（3）提前征求关键团队的意见，减少提案阻力

在正式提案前，设计团队与企业内部的关键决策者进行了沟通，确保方案更具可行性。

① 与供应链团队沟通：确认蒸汽加热技术已有成熟供应商，生产可控，不会大幅增加成本。

② 与市场部门交流：提前提供调研数据，证明目标用户对便捷式足浴桶有真实需求，市场接受度较高。

③ 与品牌团队协商：了解企业的长期品牌规划，确保设计方向与品牌调性匹

配，减少后续修改的阻力。

最终结果：企业高层在讨论后认为方案A（高端款）和方案B（大众款）都具有市场潜力，决定先推出大众款试水市场，同时规划高端款作为后续产品线的升级方向（图3.29）。

图3.29　最终蒸汽足浴桶确定方案

3. 控制情绪，保持自信，转质疑为价值证明

当企业质疑时，往往意味着他们在认真权衡方案的可行性，而不是直接否定。如果高层根本不在意，他们甚至不会花时间提出问题。因此，设计师在面对挑战时，要保持自信，用逻辑和事实回应，而不是过度防守或情绪化地应对。

（1）应对策略

① 保持冷静，控制节奏：即使问题尖锐，也不要急于回答，先听清问题，再做回应。

② 用正面语言应对：避免使用"但是""不可能"这样的否定词汇，而是用"我们考虑过这个问题，并采取了以下措施……"这样的方式应对。

③ 把挑战变成机会：如果企业提出的问题很尖锐，正好说明这是他们最关心的地方，回答好这个问题，提案通过的可能性就更大。

（2）案例解析：如何用精准答辩扭转局势

① 场景（手持小型吸尘器提案）：在一次手持小型吸尘器的提案会上，设计团队遭遇了企业高层的质疑。

·CEO质疑："市面上已经有很多类似的产品了，你们的设计有什么特别之处？用户为什么会选择它？"

·供应链负责人："这款设计采用了新的高效滤网，但生产成本是不是会过高？会不会影响定价？"

② 团队如何精准应对：

·行业趋势：近年来，手持小型吸尘器市场保持12%的年增长率，但市场上的产品主要集中在普通家用场景，缺乏针对汽车清洁、桌面清理等便捷性优化的产品。

·用户行为变化：调研数据显示，超过65%的消费者认为传统手持吸尘器体积过大、不易存放，同时，汽车用户希望能有一款轻便易携的吸尘器，用于车内清洁。

·竞品分析：

竞品A：吸力大，但机身较重，长时间使用易疲劳。

竞品B：便携性强，但吸力较弱，清洁效率低。

我们的优势：采用轻量化设计+强劲吸力+可拆卸双模式，适用于家庭与车载双场景使用。

③ 成本优化策略：

·模块化设计：吸尘器采用可拆卸滤网结构，相比于传统一次性滤芯设计，清洗更方便，用户维护成本降低30%，同时降低售后更换频率，延长产品生命周期。

·供应链支持：目前已有3家供应商确认可提供该高效滤网，批量采购后成本增幅控制在5%，但能显著提升产品清洁效率。通过优化电动机设计，提高能效比，续航时间提升20%，但生产成本仅增加8%。

④ 结果：企业高层认可了提案，并决定投入小批量生产，先行测试市场反应，同时启动线上预售，验证用户接受度。

手持小型吸尘器的销售海报见图3.30。

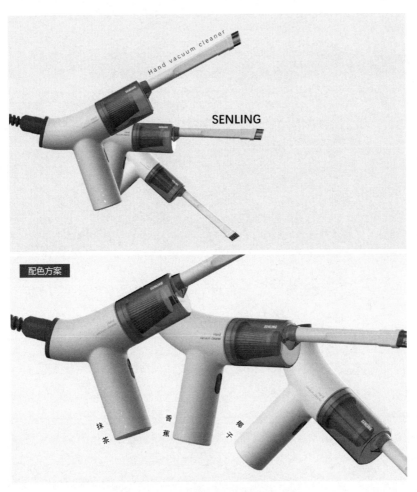

图 3.30 手持小型吸尘器的销售海报

第四章

04

提案落地：从决策到市场成功

引言

一个出色的产品设计提案，不是停留在 PPT 里让人惊叹，而是能真正落地，变成企业愿意投入生产、市场愿意买单的产品。很多设计方案在会议室里听起来完美无缺，但一到执行阶段就碰壁——成本超出预算、技术难以实现、供应链跟不上，最终只能被束之高阁。设计师在方案落地时，需要承担哪些关键职责？企业在决策时，最看重的因素是什么？本章将探讨如何让提案不仅获得认可，还能稳步推进，最终成功进入市场。

第一节　提案：不仅是方案，更是落地蓝图

产品设计提案还是企业后续决策和执行的"行动指南"。不少设计方案在提案时很受欢迎，但真正落地时却发现各种问题——技术难实现、供应链跟不上、市场反应冷淡，结果要么被迫反复调整，要么干脆被企业搁置甚至彻底放弃。

为什么有些设计能顺利从概念走向市场，而另一些却在执行过程中"夭折"？关键在于提案是否清晰地展现了落地路径，并能在推进过程中灵活应对挑战。

在本节中，我们将深入探讨：

① 为何许多设计提案难以真正落地？

② 如何让提案成为企业决策与执行的全局规划？

③ 如何让提案既满足企业需求，又经得起市场检验？

 为什么很多提案最终难以落地

我们经常看到这样一种现象：一个方案在提案会议上赢得了企业高层的认可，团队充满信心地投入研发，但最终，这个设计方案要么被长期搁置，要么被无限期推迟，甚至直接被取消。

导致设计方案"夭折"的核心原因是，"执行落地"这一步没能跨过去。许多设计在早期阶段看似完美，但进入实际执行时，却遭遇多方博弈、资源受限、市场变化等挑战，最终未能进入量产和市场。

1. 缺乏执行可行性

"纸面上的完美，现实中的难题"。很多设计团队在产品设计提案阶段把重点放在创意展示和用户体验上，而忽略了生产可行性、成本可控性、供应链稳定性等落地因素。这种设计方案在PPT上很惊艳，但在现实生产中却困难重重。

典型问题：

① 技术难以实现：方案设计超前，但企业现有技术难以支持。

② 制造工艺不成熟：设计方案涉及特殊材料、复杂结构，现有生产线无法满足，必须额外投资改造设备。

③ 供应链无法支撑：某设计方案需要特定材料，而核心供应商无法稳定供货。

案例：一款"不倒翁儿童餐具"的制造挑战。

（1）问题

设计团队为儿童餐具市场打造了一款"不倒翁小熊儿童餐具（图4.1）"，希望通过不倒翁结构增强收纳乐趣，让孩子在用餐后愿意主动整理餐具，提高使用体验。该方案在提案阶段得到了企业高层的高度认可。

图 4.1　不倒翁小熊儿童餐具

（2）执行困境

① 底座的不倒翁结构难以量产：设计团队希望通过重心配重结构实现不倒翁效果，使餐具在桌面上呈现有趣的摆动形式，但在原材料选择上存在难题。最初方案采用了一种高密度合金配重，但该材料价格较贵，且加工难度大，超出了企业的成本控制范围。

现有生产工艺主要针对传统儿童餐具，无法支持复杂的配重结构注塑成型，导致生产线需要大幅调整，额外投资过高。

② 生产工艺与现有设备不匹配：原有制造工厂主要生产直柄餐具，而该产品的特殊底座需要新增自动配重组装工序，导致生产流程复杂化，提高了制造成本。

③ 结构稳定性问题：在3D打样测试阶段，发现配重分布稍有偏差，餐具在桌面上的摆动幅度不均匀，导致部分产品无法顺畅地恢复直立状态，影响了不倒翁功能的趣味性。

④ 结局：企业在对比多种解决方案后，最终选择放弃不倒翁功能，改为设计一款更符合现有生产线的萝卜造型的儿童餐具（图4.2）。设计团队的创新思路虽然吸引了企业关注，但由于制造工艺不成熟和成本过高，最终也未能成功落地。

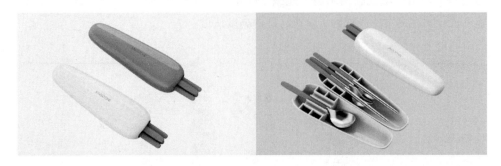

图 4.2　萝卜儿童餐具

（3）案例启示

① 在设计阶段，不仅要考虑创新性，还需要评估现有的制造能力，避免出现"创意很好，但无法量产"的问题。

② 关键结构如果超出企业现有生产线的能力，需要提前规划可行性调整方案，而不是等到试产阶段才发现问题。

③ 在设计阶段，就要与供应链和生产团队深入沟通，确保设计方案在技术上可以落地，而不是到了量产阶段才发现问题。

④ 提供多个技术可行性方案，确保设计能适应企业的制造能力，而不是单一选择。

2. 企业内部认知不一致

一个设计提案要成功落地，还需企业内部的市场、研发、供应链、财务等多个团队之间达成共识。但现实情况是，各部门的关注点不同，目标不一致，最终方案在执行过程中不断调整。

常见的内部矛盾：

① 市场与研发：市场团队希望增加创新功能，提高产品竞争力；研发团队则考虑技术难度，认为新增功能会延长开发周期，影响进度。

② 财务与设计：设计方案在提案时获得认可，但财务团队认为成本过高，回报周期过长，最终砍掉关键设计，导致产品吸引力下降。

③ 供应链与设计：供应链团队反馈某核心材料供货周期长，建议更换替代

材料，而设计团队担心更换材料会影响产品体验，双方僵持不下，导致项目推进缓慢。

3. 项目管理失控

"推进过程中进度拖延，最终不了了之。"很多设计方案在提案时很有激情，但进入执行阶段后，缺乏明确的项目管理机制，导致进度拖延、资源不到位，最后无疾而终。

（1）典型问题

① 缺乏明确的执行时间表：方案推进速度慢，决策链路太长，最终被更紧急的项目挤压掉。

② 资源分配不合理：研发和供应链的重点可能在其他更优先的项目上，导致新提案的执行资源被削减。

③ 需求不断变更：设计方案在执行过程中被频繁修改，导致时间和成本失控，最终被砍掉。

（2）解决思路

① 设定明确的项目执行计划：在提案阶段就制订里程碑计划，确保进度可控。

② 为设计提案争取专属资源：比如预先安排研发、供应链、市场团队的资源，避免后续被更紧急的项目抢走资源。

③ 限定需求变更次数：明确哪些设计调整是可以接受的，哪些是必须稳定的，避免方案在执行过程中被无限修改。

4. 市场环境变化

"当设计真正准备落地，市场已经不需要了。"有些设计方案刚开始时市场前景很好，但由于竞品变化、政策调整、用户需求转向，等到方案真正准备落地时，市场机会已经消失。

（1）典型问题

① 竞品快速迭代：企业花了一年时间完善一个设计方案，结果竞品早已推出类似产品，占据市场先机，企业只能放弃该方案。

② 市场需求变化：原本用户关注的是"高性能"，但一年后，用户更在意"高性价比"，导致企业重新评估该产品是否值得投入。

③ 政策影响：某些设计方案可能受到行业监管或政策调整的影响，导致企业不得不调整产品规划。

（2）解决思路

① 提案时需关注市场变化趋势，而非仅依赖当前数据，以确保产品具备长期竞争力。

② 缩短产品开发周期，快速验证市场反馈，避免因周期过长而错失商机。

③ 在设计方案中预留调整空间，以便根据市场动态灵活优化产品策略。

案例：智能理疗助眠枕的内部博弈。

（1）背景

智能理疗助眠枕案例清楚地展示了一个典型问题——提案的市场潜力得到了认可，但各部门目标不一致，导致推进受阻。

设计团队基于市场调研提出了一款结合电疗＋脉冲按摩的智能助眠枕（图4.3），旨在帮助用户缓解疲劳、改善睡眠质量。市场团队认为这一概念具有较大潜力，财务团队却担忧成本过高，供应链团队则对生产可行性表示疑虑。多方的意见分歧最终让该项目在反复讨论中被停滞，未能顺利推进。助眠枕中的控制器设计灵感来自考拉，如图4.4所示。助眠枕结构与原理分析见图4.5。

图 4.3　健康助眠枕设计案例

图 4.4　控制器设计灵感来自考拉

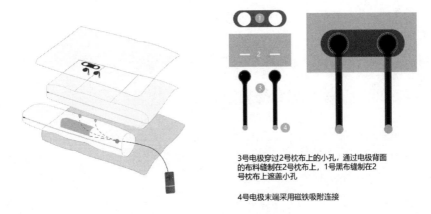

3号电极穿过2号枕布上的小孔，通过电极背面
的布料缝制在2号枕布上，1号黑布缝制在2
号枕布上遮盖小孔

4号电极末端采用磁铁吸附连接

图 4.5　助眠枕结构与原理分析

（2）主要分歧点

① 市场与财务：市场团队希望增加智能化功能，提高竞争力；而财务团队认为高端电极片和定制生产工艺成本较高，若售价超过500元，市场接受度存疑。

② 研发与供应链：研发团队希望优化电极片结构，提高舒适度，但这需要额外的实验周期；供应链团队则担心量产难度，建议更换成熟材料，但这可能影响产品体验。

③ 企业决策摇摆：财务团队建议先推出"基础版"试探市场，市场团队则认为"高端体验"才是产品卖点，双方僵持，导致项目进展停滞。

（3）如何避免企业内部拉扯，让提案顺利落地

① 让各部门同步介入，避免后期反复调整。

·策略：在提案阶段，就让财务、供应链、市场、研发同步参与，提前暴露潜在矛盾，避免后期返工。

② 平衡市场需求与成本控制，而非单方面优化。

·策略：针对不同市场，制定旗舰版、标准版等策略，而不是在单一版本上做无休止的妥协。

③ 建立高效的决策机制，避免内耗。

·策略：设立产品负责人，确保方案按照商业目标推进，而不是在不同部门的拉扯中失去方向。

④ 避免错失市场时机，快速做出决策。

·策略：在市场机会窗口期内，小批量试销，让市场数据验证可行性，而不是在内部博弈中错失先机。

▶▶ 二 如何让提案成为全局规划蓝图

一个成功的产品设计提案应该是企业从概念到执行的行动指南。如果方案缺乏具体的落地规划，即使企业认可了创意，最终也可能因执行难度太大、成本失控、供应链问题等原因而被搁置。

那么，如何在提案中建立一条完整的落地路径，让企业不仅认可设计，还愿意投入资源，并能顺利推进实施？

1.在提案中构建"从概念到执行"的完整路径

产品设计提案不仅是创意的展示，更要清楚回答企业最关注的三个核心问题：
① 这个方案能不能做出来（技术能否落地）？
② 成本和生产能否控制（供应链能否跟上）？
③ 它能不能带来商业回报（市场表现如何）？
确保提案具备完整的执行逻辑：
① 在提案中明确从设计到落地的执行步骤，而不是仅仅展示创意。
② 通过技术可行性分析，证明这个设计不是"空想"，而是可以被制造的。
③ 结合供应链调研，确保材料、工艺、生产流程与企业现有资源匹配。
④ 计算成本与市场回报，展示该产品的商业潜力，让企业看到投资价值。

2.让研发团队提前介入，避免"后期救火"

真正能够落地的设计提案应该在一开始就让研发团队深度参与，确保设计方案与技术能力同步推进。

在提案阶段与研发团队高效协作。
① 研发早期介入：在概念阶段就邀请研发团队参与，听取他们的意见，了解当前的技术能力、生产限制和潜在风险。
② 技术预研支持：在提案前，先与研发团队对接，获取基础的技术可行性评估，降低后续修改的成本。
③ 建立可落地的研发-设计沟通机制：采用快速迭代的方法，在提案阶段进行小规模实验或样机测试，让研发和设计同步推进，而不是等到后期才发现问题。

④ 提供"可调整方案"：设计方案不能一成不变，而是应该根据技术反馈进行调整，找到保证创新性、符合企业生产能力的最佳解决方案。

3.让商业逻辑在执行中持续有效

许多提案在通过后，等到真正进入市场时，竞争环境、用户需求、成本结构可能已经发生了变化。如果企业只按照最初的提案推进，而不在落地阶段不断验证商业逻辑，可能会出现产品上市即落后、盈利模型不匹配、用户反馈不佳等问题。

如何在产品执行阶段保持商业逻辑有效？

① 定期复盘市场数据：竞品更新了吗？用户反馈是否发生了变化？是否需要在量产前进行调整？

② 小批量测试：在正式投放市场前，是否可以先进行小规模试销？如果用户反馈不佳，是否有调整空间？

③ 灵活定价策略：如果市场变化，产品的定价是否还能保持竞争力？是否有动态定价机制以应对市场变化？

案例：智能按摩椅的提案与研发协作。

（1）提案阶段：让研发团队提前介入，避免"后期救火"

某家电企业希望推出一款高端智能按摩椅，以拓展高端健康家居市场。设计团队在市场调研中发现，消费者对现有按摩椅的核心需求集中在以下几方面。

① 按摩体验单一：大多数按摩椅仅关注身体放松，缺乏沉浸式放松体验，用户在使用时容易感到枯燥。

② 头部区域缺乏娱乐功能：许多用户在按摩时希望能听音乐或观看视频，但目前市面上的按摩椅并未集成相关功能。

③ 产品外观缺乏科技感：多数按摩椅造型传统，不够吸引年轻用户群体。

（2）设计团队的初步提案

基于市场需求分析，设计团队构思了一款具备音响娱乐＋沉浸式放松体验＋未来感外观的按摩椅，并在内部提案会上提出了头枕内置音响系统、流线型未来感设计和智能操控体验。

① 头枕内置音响系统：在按摩过程中，用户可以通过蓝牙连接设备，播放音乐或白噪声，以增强放松效果。

② 流线型未来感设计：借鉴高端跑车的座舱设计，产品更具科技感和豪华感，吸引了年轻消费群体。

③ 智能操控体验：配备可调节屏幕，让用户可以自由选择按摩模式，并提供个性化设置。

（3）研发团队的提前介入：在提案阶段就明确技术可行性

为了避免后期因技术难度导致方案推翻重来，设计团队在初步提案阶段，就邀请了研发团队共同评估方案的可行性。

研发团队指出：

① 头枕音响系统的振动干扰问题：直接在头枕区域安装音响系统可能影响按摩体验，需要调整结构设计。

② 蓝牙音箱的功耗与续航问题：由于按摩椅本身需要较大的功率供应，新增音响功能需评估电路和续航能力，避免用户长时间使用时设备功耗过快。

③ 一体式流线型设计的制造难度：在现有制造工艺下，一体式外壳的生产成本过高，建议调整工艺方案。

（4）提案优化：联合研发调整设计方案

为确保方案顺利落地，设计团队与研发团队密切合作，针对技术可行性和成本控制进行了优化调整。

① 优化音响系统：头枕部分采用双层隔振设计，在不影响按摩体验的前提下，确保音质效果稳定。

② 改进供电方案：采用低功耗蓝牙音箱，优化电路设计，使音响模块能与按摩功能协同运行，确保续航时间足够长。

③ 调整外观设计：由一体成形外壳调整为模块化拼接结构，既保留高端感，又降低制造难度和成本。

提案优化后，企业高层的认可度大幅提升。

在第二轮提案汇报中，设计团队不仅展示了用户需求+市场调研+技术优化方案，还与研发团队共同进行了技术演示，向企业高层证明了该方案的可行性。

（5）落地执行：从提案到量产

最终，该智能按摩椅方案获得了企业批准，并进入了量产阶段。

① 头枕音响系统优化成功，用户可以在按摩过程中享受高质量的音乐体验。

② 优化供电方案后，音箱的续航问题得到了解决，并增加了无线连接功能，让用户可以自由播放音频内容。

（6）案例启示

① 让研发团队提前介入，而不是等方案确定后再评估。

② 设计和研发并行推进，而不是单独决策。

③ 提案不是"拍脑袋的想法"，而是基于多方协作的可执行方案。

按摩椅设计案例和细节图分别见图4.6、图4.7。

图 4.6　按摩椅设计案例

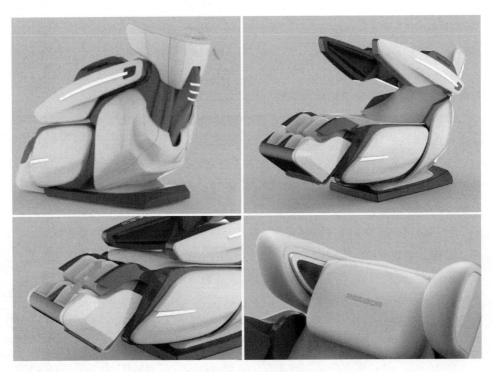

图 4.7　按摩椅细节图

三 让提案既符合企业需求，又能确保市场接受度

很多产品设计方案在企业内部看起来"完美"，但真正进入市场后才发现，用户不买账，销售遇冷。企业决策层最关心的不是设计是否足够创新，而是市场是否接受？用户是否愿意买单？投资回报率是否可预测？

如果一个设计提案无法在提案阶段提供市场验证机制，那么即使企业认可，它最终的落地仍然存在巨大风险。因此，在提案中，设计师需要提前考虑市场的反馈，并通过各种方式降低商业风险。

1. 预见市场挑战，避免设计"自嗨"

企业最害怕的就是花大价钱做出一款产品，结果市场不接受，导致销售不畅、库存积压。因此，在提案阶段，设计师需要主动帮助企业预见可能的市场挑战，并为其提供解决方案。

（1）常见的市场挑战

① 市场认知不足：目标用户是否能够快速理解新产品的价值？如果是一个创新概念，是否有明确的市场教育策略？

② 用户的真实需求与设计假设：这个设计是基于用户真实痛点，还是设计师的主观判断？有没有数据或案例支撑？

③ 竞品市场壁垒：现有竞品是否已经占据市场？这个产品能否在竞争中突围？定价、品牌定位是否有足够优势？

（2）如何在提案中解决这些挑战

① 结合用户反馈：通过用户调研、试用反馈，确保设计真正解决痛点。

② 竞品对比分析：让企业看到，该方案如何比现有市场方案更具竞争力。

③ 制定市场推广策略：如果产品需要市场教育，是否有对应的营销方案？是否可以借助品牌影响力进行推广？

2. 提前验证项目可行性，降低投资风险

企业不会轻易押注新产品，除非有足够数据证明它值得投资。如果设计师能够在提案中提供市场验证策略，让企业在低风险情况下测试产品表现，就更容易获得企业的认可和投资。

（1）商业验证机制

① 试销（Pilot Test）：让产品先在小范围市场试销，观察用户反馈和销售情况，再决定是否大规模投入量产。

② MVP（最小可行性产品）测试：先推出一个成本低、核心功能完整的产品，测试市场接受度，再进行优化迭代。

③ 众筹／预售（Crowdfunding/Pre-order）：通过众筹平台或电商预售，直接验证用户是否愿意为产品买单，降低企业前期投资风险。

（2）如何在提案中体现商业验证

① 提供试销方案：可以建议企业先在线上电商渠道推出试销版本，观察销量数据。

② 展示用户反馈机制：设计师可以建议在试销阶段收集用户反馈，并据此优化产品。

③ 对比竞品的市场表现：如果市场上已有类似产品，可以分析其销售数据，预估本产品的市场潜力。

案例：厨房用具系列的市场挑战与优化。

（1）设计提案阶段：从概念到方案落地

设计团队受企业委托，开发一套系统化厨房用具系列，涵盖沥水架、锅刷、刀刷、厨房纸巾架等，旨在提升厨房收纳与清洁的便利性，同时打造美观与实用兼具的厨房解决方案。在提案阶段，设计团队围绕以下三大核心展开方案构思：

① 功能整合：设计多用途的收纳＋清洁工具，提高使用效率。

② 模块化设计：让用户可以按需选择不同组件，形成灵活组合。

③ 视觉统一：采用系统化的设计语言，使厨房用品具备更强的系列感。

在提案初期，企业对设计理念表示认可，但市场团队在评估阶段提出了一些挑战。

① 用户需求认知偏差：目标用户对"成套厨房收纳＋清洁工具"概念的认知度较低，消费习惯仍倾向于单品购买，而非整套方案。

② 市场竞争激烈：现有品牌已占据厨房用具的不同细分市场，如何让新产品具备竞争力？

③ 配色争议：现有市场上某头部品牌的厨房用具采用了相似的绿色调（图4.8），这可能导致品牌区分度下降，影响产品竞争力。

在这些质疑下，设计团队意识到，仅有创意并不足以让企业立项，必须在提案中进一步强化市场可行性分析与执行规划。

图 4.8　厨房系列化用品初步方案

（2）设计提案的优化：增强市场可行性

面对企业的市场顾虑，设计团队对提案进行了针对性调整。

① 精准市场调研，明确用户需求。

设计团队在提案中补充了详细的用户调研数据（图 4.9），以验证市场需求的存在性。

·65% 以上的消费者希望厨房用品不仅实用，还具备一定的设计感，但现有市场产品普遍偏功能导向，缺乏对美学与收纳一体化的考量。

·78% 的用户曾在厨房收纳过程中感到困扰，尤其是小型厨房空间，如何高效利用收纳工具成为关键需求点。

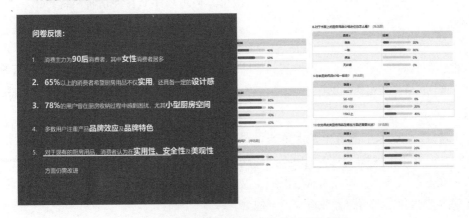

图 4.9　设计提案用户调研部分内容 PPT 展示

② 竞品对比分析，强调差异化优势。

为了提高设计提案的市场竞争力，团队在原先竞品分析的基础上还深入分析了主流厨房用品品牌，提炼竞品特点，并明确本系列的独特卖点（图4.10）。

·国内市场：目前大多数品牌的沥水架、刷具等厨房用品以单品销售为主，用户难以实现整体风格统一，厨房收纳和清洁工具缺乏系统化解决方案。

·国际市场：国外品牌（如Joseph、Normann Copenhagen）已推出系列化产品，设计创新且具备整体美感，但价格偏高，受众相对小众，市场普及度有限。

图 4.10　设计提案中对主流品牌分析与总结

③ 调整配色，提高市场接受度。

·色彩调整与品牌差异化：在与市场团队沟通后，设计团队调整了配色方案，在保留清新感的基础上，增加了色调过渡，并调整了绿色的饱和度，使其与现有竞品形成差异，同时更贴合现代厨房环境（图4.11）。

·竞品对比与用户测试：通过对比市场上竞品的颜色、材质和视觉风格，确保最终方案既具有市场竞争力，又能有效避免品牌混淆问题。在产品小范围试销前，团队还邀请目标用户进行体验反馈，并最终确定了一款兼具个性与广泛适用性的配色方案。

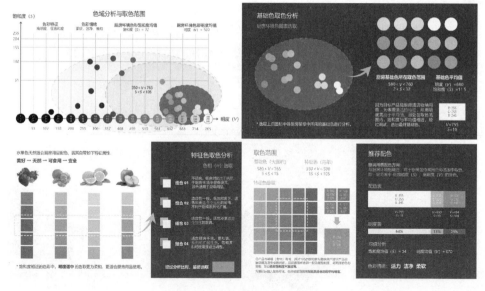

图 4.11　设计提案中的配色分析

④ 商业化推广策略，提升市场认知度。

设计团队在提案中进一步提出了精准营销策略，确保产品能够顺利打开市场。

·"厨房收纳＋清洁一体化"概念推广：通过短视频演示不同使用场景，提升用户的认知度和购买意愿。

·与家居品牌、社交媒体达人合作：在社交平台进行产品"种草"，提高产品的曝光率，降低市场教育成本。

3. 提案成功推动试销，并优化产品上市策略

经过多轮优化，设计团队的提案成功获得了企业认可，最终推动了产品进入试销阶段。企业决定先在电商平台上小规模销售，结合用户反馈进一步调整优化，并同步开展社交媒体推广。优化后的系列化厨房用品套件见图4.12。

4. 案例启示

在提案阶段，就要提前规划市场验证机制，避免产品上线后才发现市场不接受。

快速迭代，灵活调整，而不是等待一次性完美方案。

让企业在低风险条件下测试产品，提高决策信心。

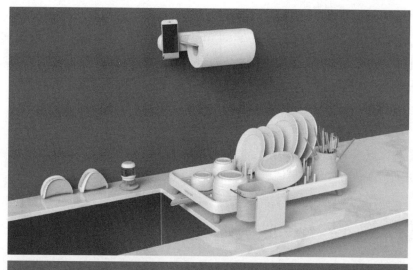

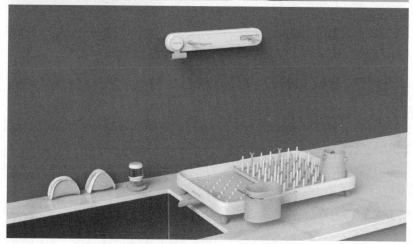

图 4.12　优化后的系列化厨房用品套件

第二节　从决策到执行：让提案真正落地

在产品设计提案获得企业认可后，设计团队的任务并没有结束。如何确保企业不仅认可提案，还愿意投入资源，使产品真正进入落地执行阶段？这一环节往往是许多设计师容易忽略的关键步骤。如果缺乏清晰的落地策略，即便是一个优秀的设计提案，也可能因为执行难度大、资源分配受限或内部博弈而停滞不前。

许多设计师误以为企业高层在提案会上点头认可，就意味着项目会顺利推进。但在实际商业运作中，产品立项通常不是由某一个人决定的，而是涉及多个部门的综合评估。如果不理解企业的内部决策机制，提案即使通过，也可能止步于立项，而无法真正进入执行。

在本节中，我们将深入探讨：

① 如何推动企业从认可提案到正式立项？

② 提案进入执行阶段后，设计团队的角色是什么？

③ 如何在执行过程中灵活调整，确保提案不会半途而废？

一　让提案从认可走向正式立项

企业在评审会上认可设计提案，并不意味着项目会立即立项。很多时候，即使提案得到了肯定，但由于预算、市场节奏、资源分配等问题，企业迟迟不拍板，项目被搁置。设计团队不仅要让企业觉得方案"可行"，更要让他们愿意投入资源，把项目推进到执行阶段。

1. 立项，更是"资源竞争"

在企业内部，一个产品能否立项，通常要经过多重评估。即使企业认可方案，最终决定往往取决于预算、市场节奏、资源匹配这几个因素。

① 预算：企业当下的投资重点是什么？这个项目是否排得上优先级？

② 市场节奏：当前市场环境适合推出这个产品吗？会不会错过最佳时机？

③ 资源匹配：研发、供应链、营销团队是否有余力支持？

为什么企业认可了提案，却迟迟不立项？即使方案本身没问题，以下情况仍可能成为阻碍。

① 预算受限：年投资重点在其他项目上，导致资源分配不足。

② 市场窗口未到：企业判断该产品短期内难以打开市场，因此选择观望。

③ 内部资源紧张：研发、生产、市场团队手头已有多个项目，短期内难以新增。

④ 高层认可，但中层执行难：CEO认同方案，但财务、市场、供应链等执行层面仍存疑虑，导致推进缓慢。

2. 让提案在资源竞争中胜出

（1）让提案与企业的战略目标挂钩

企业立项的优先级通常与年度战略和业务目标高度相关。设计提案要想获得资源支持，必须回答一个问题：这个产品能帮助企业达成什么关键目标？

·如果企业今年的目标是提升市场份额，就需要强调该产品如何抢占市场，扩大用户群体。

·如果企业关注盈利能力，则要突出该产品如何带来更高的利润率或降低生产成本。

优化策略：

① 在提案中加入"战略匹配"部分，让企业看到产品对整体业务的价值，而不仅是设计上的创新。

② 引用企业近期的财报数据、市场战略，增强提案的说服力，避免"孤立"地谈设计。

③ 调整表达方式，减少"创意角度"，增加"商业增长、盈利、市场竞争"的视角，让决策层更容易接受。

（2）制造紧迫感，避免企业"再看看"

很多企业在认可提案后，不是拒绝，而是选择观望。设计团队需要通过时机窗口让企业意识到，拖延会带来机会损失。

·市场趋势窗口：如果竞品即将推出类似产品，企业必须尽快决策，否则会失去市场先机。

·成本优势窗口：某些关键材料、供应链资源短期内价格低，推迟可能增加生产成本。

·政策扶持窗口：行业补贴、政府支持可能具有时效性，错过窗口期，成本增加。

优化策略：

① 在提案中明确立项的时机优势，让企业意识到"拖延的代价"。

② 提供竞品动态和市场调研数据，强化立项的必要性。

③ 强调"抢占市场"或"降低投资成本"，促使企业加快决策。

3. 企业的决策机制：谁在最终拍板

在企业内部，一个产品提案的落地往往不是某个部门单独决定的，而是多个团队综合评估后共同推动的（表4.1）。设计团队需要弄清楚谁才是关键决策者，并在提案前做好沟通，确保项目能顺利推进。

表 4.1　企业内部决策关注点矩阵

决策角色	关注点	影响程度
CEO/ 高层管理	品牌战略、市场规模、投资回报率（ROI）	★★★★★
市场团队	用户需求、竞品对比、营销策略、定价	★★★★
研发团队	技术可行性、研发成本、产品功能可实现性	★★★
供应链 / 生产团队	生产工艺、材料供应、制造成本、交付周期	★★★
财务团队	预算分配、利润空间、资金风险	★★★★

了解企业高层的关注点能帮助设计团队在提案时有针对性地提供数据和论证，避免因为某个环节的不确定性而导致立项受阻。

4. 如何推动企业快速决策，而不是"再看看"

为加快决策，设计团队可以采取三步策略：

（1）设定明确的立项时间节点

·在提案中设定清晰的决策时间表，而不是等待企业自行安排。例如，"如果本季度立项，预计可在XX时间内上市，赶上XX市场窗口。"

·避免企业无限期拖延，让他们有明确的时间压力。

（2）推动跨部门协作，加快内部审批

·立项往往涉及市场、财务、研发等多个部门，设计团队可以主动组织跨部门会议，提前协调解决潜在问题，避免拖延审批流程。

·让高层管理直接参与决策，减少部门间的推诿和不确定性。

（3）锁定最终决策者，避免决策层级过长

·确保企业内部有明确的负责人推进立项，而不是让提案在不同部门之间流转。

·如果高层已认可方案，但中层管理者仍在犹豫，设计团队可以借助高层的推动，加快决策。

案例：儿童电子恒温碗如何顺利立项，让提案赢得资源支持？

（1）背景

设计团队为企业开发了一款儿童电子恒温碗（图4.13）和餐盘（图4.14），目标是通过精准的温控功能提升婴幼儿用餐体验。产品采用仿生萝卜造型，内胆使用316L医用级不锈钢，具备IPX7级防水、磁吸充电功能，并可精准维持45℃恒温，确保食物不过热或过冷，降低了宝宝被烫伤的风险。

图4.13　儿童电子恒温碗

图4.14　儿童电子恒温餐盘

产品创意得到了企业高层的肯定，但认可并不等于立项。设计团队必须通过精准的提案，让企业看到产品的商业价值，并愿意投入资金和资源推进立项。

（2）提案过程

① 预判企业决策关注点，确保提案有针对性。

在正式向CEO汇报前，设计团队先与各关键部门沟通，确保提案能精准回应企业最关心的问题。

· 财务团队：担忧产品成本较高，投资回报率（ROI）是否符合企业预期？
· 供应链团队：关注核心组件供应周期是否稳定，能否保证量产？
· 市场团队：质疑消费者是否愿意为智能餐具支付溢价，市场需求是否真实存在？

如果不能在提案中解决这些核心问题，项目可能因资源分配问题被搁置。

② 优化提案内容，让数据说话。

a.解决财务团队的顾虑：企业立项的核心是资金分配，设计团队在提案中明确展示了成本测算与盈利预期。

· 提出了分阶段生产策略，降低前期投入，降低企业财务风险。
· 计算投资回报周期，并对比母婴市场同类高利润产品，证明该产品具备商业潜力。
· 通过供应链优化方案，提出可行的降本路径，确保项目盈利能力可控。

b.解决供应链团队的疑虑：提前确保供应稳定。供应链的关键问题在于量产可行性和交付稳定性，设计团队在提案中提供了以下内容。

· 核心组件供应商的明确承诺，确保供货无风险。
· 材料优化方案，降低对特定高成本部件的依赖，提高供应链灵活性。
· 试生产方案，先进行小规模测试生产，以减少库存压力，让供应链团队更有信心推进量产。

c.解决市场团队的质疑：市场团队的疑问是消费者真的愿意为这款产品买单吗？设计团队通过市场调研，提供了直接的数据支持。

· 70%的受访家长对智能恒温餐具表示感兴趣，但对价格较为敏感。
· 竞品数据显示，类似智能餐具已有市场需求，并有较高的消费者接受度。
· 提出了分级定价策略（基础版+高端版），让市场团队可以灵活制定定价策略，降低销售阻力。

③ 推动企业拍板，确保提案不被拖。

为避免项目陷入无期限等待，设计团队采取了以下策略：

·制造市场时机压力：强调竞品企业已在开发类似产品，若企业不尽快立项，可能错失市场窗口。

·供应链成本因素：部分关键材料价格处于低位，立项晚可能导致成本上升，影响利润空间。

此外，团队还提出了分阶段推进方案：

·第一阶段：优先立项儿童电子恒温碗，观察市场反应。
·第二阶段：若销售符合预期，再决定是否推出配套的电子恒温餐盘。

这种方式降低了企业的决策压力，使提案更具可执行性。提案过程中电子恒温碗部分功能细节见图4.15。

图 4.15　提案过程中电子恒温碗部分功能细节

（3）立项成功，推动产品进入市场

经过精准的提案构建、数据支撑、跨部门沟通和方案优化，企业最终决定正式立项，儿童电子恒温碗进入了量产阶段。

① 项目立项：设计团队通过精准的ROI计算、供应链优化和市场调研，成功让企业认同项目的可行性，并决定优先推进儿童电子恒温碗的生产，电子恒温餐盘则留待后续评估。

② 市场反馈：产品上市后，凭借精准的市场定位和产品功能差异化，在母婴

市场获得了良好反馈，销售表现符合预期，并为企业后续产品的开发奠定了基础。儿童电子恒温碗销售海报见图4.16。

图4.16　儿童电子恒温碗销售海报

（4）关键启示

这个案例展示了一个成功的产品立项过程，也强调了设计提案在推动企业决策中的关键作用。

· 提案必须解决财务、市场和供应链等核心问题。
· 让提案匹配企业战略，才能在资源竞争中获得优先级，确保项目立项。
· 制造紧迫感，让企业意识到"现在不做，就可能错过市场机会"。
· 采用分阶段推进方案，降低企业的投资风险，提高立项成功率。

▶▶ 二　提案执行中的设计团队角色

很多设计师在提案通过后，就把项目交给企业内部推进，认为自己的任务已经完成。但现实情况是，很多设计方案在执行过程中被修改得面目全非，甚至最终失败。因此，设计团队不能只是"提案人"，更要成为"落地推动者"，在执行过程中持续介入、协调资源、优化方案，确保项目按照既定方向推进，并最终成功落地。

1. 设计团队在执行阶段的关键角色

在提案进入执行阶段后，设计团队的角色是产品落地的"守门人"，确保方案不会在执行过程中因调整过度而失去原有价值。

（1）执行跟踪者

① 设计团队需要跟踪方案的执行情况，确保产品的核心价值不会因企业内部调整而被削弱。

② 在设计方案进入落地环节后，仍需与研发、供应链、市场等团队保持沟通，及时发现可能影响设计价值的调整，并提供合理的优化建议。

（2）跨部门协调者

① 在执行过程中，不同部门的关注点不同，可能会因各自目标而调整方案。例如，研发团队可能会因技术难度而调整功能，供应链团队可能会更换材料，市场团队可能会改变产品定位。

② 设计团队需要在各部门之间建立高效的沟通机制，确保所有调整不会偏离设计提案的核心方向，并通过定期评审、反馈会议等方式，让企业内部人员始终保持对提案的共识。

（3）产品优化者

① 在执行过程中，市场反馈可能会促使设计方案做出调整。设计团队需要结合用户数据、竞品分析、成本控制等因素，对方案进行动态优化，而不是被动地接受企业的调整。

② 关键在于优化非核心部分，而非削弱核心卖点，确保最终的产品仍然符合最初提案的目标，并具有市场竞争力。

2. 协调企业内部资源，确保执行进度

即使项目立项成功，也可能因为企业内部的资源分配不均，导致执行进度拖延。

① 研发资源不足：技术团队被优先分配到其他更紧急的项目，导致设计方案迟迟无法推进。

② 供应链出现问题：原材料采购周期过长，导致生产计划被打乱，甚至影响上市时间。

③ 市场策略变动：市场团队调整营销策略，导致产品推广计划推迟，影响销售节奏。

如何让执行进度不被干扰？

（1）设定明确的执行时间表

设计团队应在提案阶段就制订清晰的里程碑计划，并与企业各部门达成共识，确保执行阶段有明确的推进节奏。

① 设计评审完成时间：确保设计方案不会被无限期修改，冻结设计版本。

② 研发验证时间：规定开发样机的时间点，避免开发进度拖延。

③ 供应链确认时间：让材料采购、生产工艺调整等工作提前完成，确保供应链稳定。

④ 市场推广时间：让市场团队提前规划营销策略，确保产品上市节奏不会被打乱。

（2）争取专属资源

① 确保研发团队的资源优先级：与企业管理层沟通，确保该项目不会因为其他更紧急的研发任务而被拖延。

② 确保供应链的交付稳定：在提案阶段就锁定关键供应商，并预留备选方案，以防供应问题影响生产。

③ 确保市场推广同步推进：在研发阶段，就让市场团队参与，确保上市时间与营销推广节奏保持一致。

案例：如何确保资源优先分配？

在推进儿童电子恒温碗项目过程中，企业因研发资源被优先分配给一款智能家电旗舰产品，导致项目进度受阻，甚至一度考虑推迟整体产品线的上市时间。

为确保儿童电子恒温碗按计划推进，设计团队采取了以下策略。

① 强化市场时机，确保资源优先级。

团队通过市场调研证明母婴市场对智能餐具需求高涨，并向管理层强调抢占市场先机的重要性，让企业意识到推迟上市可能会错失最佳销售窗口。

② 优化功能，缩短研发周期。

在不影响核心精准温控功能的前提下，调整非核心设计（如部分智能交互功能的优化），缩短研发时间，确保产品仍能按计划上市。

③ 市场团队介入，提升企业决策紧迫感。

市场团队提前启动宣传预热，在母婴社群、电商平台制造消费者期待，让企业意识到延迟上市将影响品牌信誉和用户期待，最终促使管理层调整资源分配，优先支持该项目。

3. 设立风险应对方案，防止突发问题影响生产

即使规划再周密，也可能会遇到供应链变动、技术难题、市场策略调整等突发状况。因此，在提案阶段就应该预设风险应对方案。

① 供应链问题：提前确认备用供应商，确保核心部件不会因为供货问题而影响生产。

② 技术挑战：如果关键技术仍在优化中，就可以考虑分阶段推出产品。

③ 市场变化：如果市场趋势可能发生变化，企业就可以制定灵活的定价策略，让产品更有竞争力。

▶ 三　如何调整提案，确保顺利落地

即使设计提案已经通过企业评审并进入执行阶段，仍可能面临市场环境变化、技术难题、成本控制、供应链不稳定等挑战，导致企业重新评估项目，甚至暂停项目推进。

对于设计团队而言，推动方案落地并不意味着任务结束，而是要具备动态优化能力，确保即使遇到挑战，提案仍能顺利推进，并最终转化为真正的商业成果。

1. 预判风险，确保提案不会被半途搁置

在设计提案落地的过程中，哪些因素可能导致执行失败？企业在推进产品开发时，常见的执行风险包括以下几方面。

（1）市场需求变化

① 竞品迭代太快：如果竞品已经推出更先进的产品，而设计方案仍停留在旧的用户需求上，市场竞争力将大幅下降。

② 消费者偏好转变：某些功能在产品开发之初被认为是"卖点"，但等到上市时，用户的关注点可能已经发生变化。例如，一些智能功能可能在提案阶段被视为创新点，但随着市场成熟，用户可能更关注产品的安全性、易用性或价格。

（2）成本超支

① 材料成本上涨：供应链波动可能导致原材料价格上升，影响原有预算，企业可能因此调整产品策略甚至削减预算。

② 制造工艺复杂：某些创新设计可能需要额外的生产投入，导致制造成本超出财务预期，进而影响项目推进。

（3）供应链问题

① 核心零部件短缺：如果关键元件的供应链不稳定，可能因市场需求或政策调整导致交付延期，影响产品上市进度。

② 新材料可行性低：某些设计方案依赖新材料，但如果供应商产能不足，可能导致量产困难。

提案的应对策略：

① 在提案阶段，提前评估市场变化趋势和竞品动态，确保产品的市场定位足

够具有前瞻性。

② 通过成本测算和供应链规划，在提案中提供可行的成本优化方案，以降低执行阶段的风险。

③ 设计提案中应包含风险预警机制，确保在执行过程中能够迅速响应可能的挑战，而不是等到问题发生后才被动调整。

2. 如何在执行过程中调整方案，而不影响核心价值

很多项目失败的原因不是因为技术无法实现，而是企业在执行过程中"调整过度"，削减掉了产品的核心卖点，导致最终的产品失去市场竞争力。

（1）错误调整方式：削减核心功能，导致市场失利

以儿童电子恒温碗为例，如果企业为了降低成本，直接取消精准控温功能，将产品改成普通保温碗，那么：

① 产品将失去核心价值，与普通儿童餐具没有差异，难以在市场中突围。

② 目标消费者（年轻父母）不会买单，因为他们选择电子恒温碗的主要原因就是精准控温功能。

③ 品牌形象受损，企业原本计划以智能恒温碗切入母婴市场，但削减关键功能后，消费者对品牌的智能创新能力失去了信任。

这种错误的调整方式会让产品沦为市场上同质化的普通儿童餐具，失去原有的竞争力，甚至可能影响企业后续智能餐具的市场布局。

（2）正确调整方式：合理优化，确保核心价值不变

① 优化供应链，降低成本，而非削弱核心功能。

团队通过调整供应链，寻找更稳定的供应商，优化生产流程，降低成本，而不是牺牲核心的精准控温功能。

② 分阶段上市策略，降低企业风险。

团队决定先推出基础版儿童电子恒温碗，确保核心功能完整，待市场反馈良好后，再推出升级版或配套电子恒温餐盘，降低企业一次性投入的风险，同时丰富产品矩阵。

③ 小范围试销，优化产品方案。

在大规模量产前，团队在母婴社群、电商平台和特定门店进行试销，收集真实的用户反馈，优化产品细节，确保上市后能更好地满足用户需求。

通过合理的调整策略，儿童电子恒温碗既保持了精准控温的核心价值，又优化了成本控制，顺利进入了市场并获得了积极反馈，为后续产品的拓展奠定了基础。

（3）让企业在执行阶段仍然对提案保持信心

即使项目进入了执行阶段，企业仍然可能因市场变化、成本控制等原因重新评估是否继续推进。如果设计团队不能在执行阶段持续提供数据支持，企业可能随时叫停项目。

如何增强企业对提案的信心？

① 提供阶段性成果，持续让企业看到价值。

· 定期向企业展示研发进展、市场反馈、供应链优化方案，而不是等到量产前才汇报进度。

· 内部评审会：在执行过程中，定期召开项目评审会，确保企业各部门对项目保持关注度。

② 进行市场测试，增强企业信心。

· 小规模试销：在正式上市前，通过试销、样品测试、用户反馈等方式，证明产品符合市场需求，让企业看到真实数据，而不是只靠预测模型。

· 消费者反馈报告：收集用户对产品的期待和体验，作为市场验证的依据，让企业相信项目的商业潜力。

③ 让企业看到竞争力，避免因市场压力而放弃项目。

· 竞品分析：向企业展示市场趋势和竞品动向，强调若放弃该项目，企业可能会失去市场机会。

· 差异化策略：不断优化产品定位，突出核心竞争力，让企业看到该产品仍然有足够的市场价值。

第三节　提案的执行与反馈：让企业持续认可

在提案进入执行阶段后，企业的支持并非一成不变。市场环境的变化、企业内部资源的重新分配、财务压力等因素都可能促使高层对项目进行重新评估。如果缺乏持续推动，即使是通过评审的设计提案，也可能在执行过程中被调整、缩减，甚至面临暂停或取消的风险。

因此，设计团队不仅要确保提案获得初步认可，更要在执行阶段持续争取企业支持。如何让企业高层始终看到提案的价值，并愿意投入足够的资源？如何在市场、供应链或预算发生变化时，确保项目仍能稳步推进？这些都是提案落地过程中必须关注的问题。

在本节中，我们将深入探讨：

① 如何让决策层持续认可提案？

② 如何通过高效沟通与反馈增强企业信心？

③ 在执行过程中可能遇到哪些问题，如何应对？

▶ ━ 让提案赢得决策层的持续支持

在产品落地过程中，市场环境、生产工艺、用户需求等因素随时可能发生变化。如果没有持续推动和优化，设计方案很容易在执行阶段偏离初衷，甚至被企业调整或放弃。对于设计团队而言，顺利商业化、实现市场价值是关键问题。

1. 现实挑战

为什么企业会在执行阶段重新评估提案？即使设计提案已经获得企业高层的认可，在实际落地过程中仍然可能面临诸多挑战。如果不能持续证明提案的商业可行性，项目可能会被调整或取消。

（1）设计方案被调整或简化

研发团队可能因技术难度、成本或生产工艺的约束，对设计方案进行大幅调整，导致最终产品与原始提案偏差过大，削弱了设计的市场竞争力。

（2）生产环节遇到技术或成本难题

生产过程中可能发现某些材料、制造工艺难以大规模应用，或者供应链成本超出预期，导致企业重新评估方案，甚至考虑取消该项目。

（3）市场反馈不如预期

在产品尚未正式上市前，市场测试可能出现低于预期的结果，企业高层开始质疑产品是否值得继续投入资源。如果缺乏合理的数据支撑，企业可能会迅速削减预算或调整方向。

2. 关键问题

设计提案如何持续争取企业支持，推动商业实现？许多设计师在提案通过后，认为自己的任务已经完成，接下来的工作就交给研发、生产、市场等团队。然而，现实情况是：

① 提案通过不代表方案落地，企业决策层仍然可能在执行过程中产生新的疑虑，甚至重新评估是否继续推进项目。

② 执行过程中高层可能"二次质疑"，要求修改或调整方案，甚至考虑取消项目。

③ 预算和资源分配可能发生变化，导致提案无法完全按照原计划执行。

3. 典型现象: 企业决策层的"二次质疑"

在项目执行过程中，企业高层可能提出新的问题。

① 成本压力："这个产品的开发成本比预期高了15%，公司高层正在重新评估预算。"

② 市场竞争："市场调研数据显示，竞品已经推出类似功能，我们是否还要继续？"

③ 供应链问题："核心供应商反馈这个材料价格波动太大，企业管理层在考虑是否更换方案。"

④ 用户需求变化："初期调研认为，用户会为智能功能买单，但最新数据显示，消费者更关注价格，我们是否要调整功能优先级？"

在这样的背景下，设计师的任务不仅是让提案通过，更是要在执行过程中持续争取企业的支持，确保方案顺利落地。

4. 让企业持续认可你的提案

设计团队需要采取主动策略，让企业高层在执行过程中始终看到提案的价值与可行性，确保不会因"二次质疑"而削减预算、调整方向甚至取消项目。

（1）让数据"说话"

持续提供市场、用户、财务数据支撑。企业的每一个决策都建立在数据与经济效益之上，而不是仅凭设计的美观与创意。因此，在执行阶段，设计团队应做好以下准备。

① 定期提供市场竞争分析：监测竞品动态，确保提案仍然具有市场优势。

② 用用户调研数据（比如早期试销、用户访谈、A/B测试等）强化产品需求，确保高层看到真实的用户需求，而不是靠猜测。

③ 计算投资回报率（ROI）：通过成本控制、销售预测，证明该提案仍然是企业值得投资的项目。

（2）争取企业高层的定期认可

许多设计团队犯的错误是，等到企业高层产生怀疑时，才开始被动应对。正确的做法是，在执行阶段主动定期向高层汇报，让他们始终看到项目的进展和价值。

① 建立里程碑汇报机制：例如，每4~6周向企业管理层汇报产品开发进度、市场测试结果、供应链调整方案等，确保企业始终关注项目进度。

② 采用可视化数据展示：例如，用图表、用户测试视频、试销数据让企业直观了解项目价值，而不是仅靠书面报告了解。

③ 邀请企业高层参与关键决策：例如，在产品样机阶段，让企业管理层体验产品，增强他们的认同感。

（3）在执行过程中维护提案的完整性

在执行阶段，企业内部不同部门可能基于自身需求调整方案，导致最终成品与原始提案偏差过大。设计团队必须在执行过程中守住产品核心价值，防止关键功能被削减。

① 确定"不可调整的核心功能"，让企业内部团队明确哪些设计元素不能被轻易修改。

② 与研发、市场、供应链团队保持同步，确保各方的调整不会影响产品的整体价值。

③ 在资源受限的情况下，提供优化方案，而不是简单接受调整，如降低非核心功能成本，而非削减关键设计。

三 提案执行中的常见问题与应对策略

在执行阶段，设计师不仅要具备快速响应、灵活优化和团队协作的能力，还需要始终围绕产品的市场表现，确保方案在遇到挑战时能够及时调整，而不是等到产品上市后才发现问题，造成市场损失。

1. 生产环节的挑战

在执行阶段，企业常常会因制造难度、成本压力、供应链问题而调整设计方案，导致最终产品与最初的提案存在巨大差异。

（1）关键问题

① 设计方案在生产过程中被调整，如何确保产品不跑偏？

② 供应链反馈成本过高，如何优化材料或制造工艺？

③ 生产工艺有难度，如何调整设计以适配量产？

（2）解决方案

① 建立"设计–生产对接"机制：确保设计师与生产团队有定期沟通机制，及

时发现量产中的问题，并提供优化方案，避免产品在未通知设计团队的情况下被调整。

② 预先测试可行性（小批量试产）：在正式量产前，进行小批量试产，检查设计方案是否符合量产要求，同时发现并解决可能的生产难点。

③ 优化生产材料与工艺：如果原设计成本过高，可以提供材料替代方案或调整制造工艺，在不影响设计核心价值的前提下，降低成本，提高生产效率。

（3）示例

① 错误示范："工厂觉得生产难度太高，已经调整了一些细节。"（设计团队未参与）

② 优化示范："在试产过程中，我们发现某个结构的制造良率较低，因此优化了模具设计，提高了生产效率，同时降低了10%的生产成本。"（设计团队参与优化）

2. 市场反馈的变量

在产品进入市场前，设计团队需要建立快速反馈机制，确保设计能够及时优化，保证产品的市场适应性。

（1）关键问题

① 如何在产品上市前，提前收集用户反馈？

② 如果市场测试结果不理想，如何快速调整？

③ 竞品调整策略，我们的产品是否需要优化？

（2）解决方案

① 用户测试（Beta版测试）：在正式上市前，让一部分目标用户试用产品，并收集反馈，优化设计。例如，针对无线蓝牙耳机，上班族和运动爱好者的试用反馈至关重要。品牌可以在写字楼、健身房、电子产品体验店等渠道进行小范围试销，收集用户体验数据，了解佩戴舒适度、降噪效果和续航表现是否真正符合用户需求。

② 竞品对比分析：在产品发布前，持续跟踪竞品的市场策略，确保我们的产品在功能、价格、用户体验上有竞争力。

③ 灵活调整产品特性：如果市场测试结果显示某个功能不受欢迎，可以考虑优化或简化，以提高市场接受度。例如，如果智能手表用户在试用过程中反映充电接口容易松动且对准困难，品牌可以考虑改用更稳定的磁吸充电方式，提升充电便捷性，同时减少接口磨损，提高产品耐用性。

（3）示例

① 错误示范："产品发布后，我们发现用户普遍抱怨续航问题。"（问题发生在产品上市后，调整成本高）

② 优化示范："在Beta测试阶段，我们发现70%的用户希望增加续航，因此我们优化了电池管理系统，使续航提升20%。"（问题在上市前被发现并解决）

案例：如何优化调味瓶的市场适应性？

① 市场测试阶段发现的问题：

· 用户更关注密封性和倾倒精准度，而非可调节出料量的智能功能。

· 瓶口设计易堵塞或撒漏，影响使用体验。

· 材质耐用性不足，部分用户希望增加防潮功能，防止调味料结块。

② 设计团队的优化策略：

· 优化瓶口结构：调整流量控制，确保不同颗粒大小调味料顺畅倾倒，减少堵塞和撒漏。

· 升级密封设计：采用高密封硅胶垫圈，提高防潮性能，防止调味料结块。

· 改进材质：使用食品级耐用材料，增强瓶身强度，以适应厨房环境。

优化后的调味瓶（图4.17）成功上市，凭借密封性升级、出料顺畅、材质更耐用，获得了市场认可，受到了家庭和专业厨师的青睐。

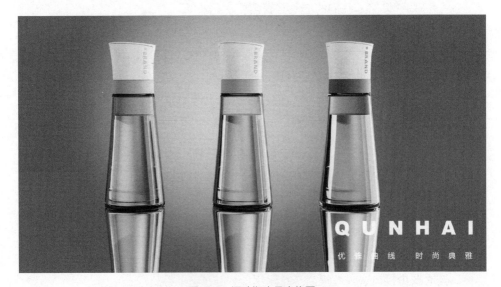

图 4.17　调味瓶产品宣传图

3. 如何确保项目顺利交付

在提案通过企业认可后，项目的最终目标是按计划完成，并确保交付质量。然而，在执行阶段，项目可能因为资源调配、执行进度、跨部门协作、突发问题等各种原因而偏离原计划，甚至影响最终上市时间。设计团队的任务不是"等着项目完成"，而是要主动推进项目，确保最终交付符合预期。

（1）关键问题

① 如何确保项目按计划推进，不被拖延？

② 在执行过程中遇到突发问题时，如何快速调整？

③ 如何保证最终交付的产品符合设计预期，而不会在执行过程中被改得面目全非？

（2）解决方案

① 设定清晰的执行计划，确保各阶段按时完成。

一个成功的项目交付必须有明确的时间节点和责任分工。设计团队在提案通过后，应与研发、生产、市场团队共同制订执行计划，确保每个环节都按照既定目标推进。

② 执行计划应包含以下关键时间点：

· 设计定稿阶段（确定最终产品方案，冻结设计）。

· 样机开发阶段（完成工程样机，进行测试和优化）。

· 供应链确认阶段（确保关键物料、生产工艺可行）。

· 试产阶段（小批量生产，验证制造稳定性）。

· 市场推广预热（确保上市节奏与市场营销计划匹配）。

· 正式量产与上市（产品最终交付）。

③ 保证各阶段按时完成：

· 提前锁定关键节点：避免研发团队和生产团队因优先级调整而拖延进度。

· 采用里程碑管理：每完成一个阶段，就进行复盘和调整，确保后续环节不会被前期问题拖累。

· 建立阶段性汇报机制：让管理层实时了解进度，避免项目执行到一半时出现重大变更。

④ 设立问题响应机制，确保突发状况不会影响最终交付。

常见突发问题与解决方案见表4.2。

表 4.2　产品设计提案执行风险与应对策略

问题类别	可能的影响	设计团队的应对策略
研发遇到技术难题	无法按时完成功能开发	及时与研发团队沟通，提供可行性优化方案，必要时调整设计，确保项目推进
供应链问题	关键零部件延迟交付，影响生产	预先锁定供应商，建立备用供应链方案，防止因供应问题导致延期
生产工艺不匹配	批量生产时出现质量问题，导致返工	在样机阶段与生产团队紧密合作，提前发现制造难点并优化设计
市场反馈不佳	预售阶段用户反应冷淡，企业考虑推迟上市	结合市场数据快速优化产品策略，调整宣传方向，提升市场接受度

⑤ 让问题不影响最终交付。

·提早预判风险，提前准备应急方案，如供应链备用方案、关键零部件替代方案、生产工艺优化方案。

·设立快速决策机制，避免项目团队在遇到问题时陷入"谁来负责"或"等上级决策"的拖延状态。

·与企业管理层保持同步，如果出现重大突发状况，第一时间沟通，确保资源优先支持项目推进。

▶ 三　案例解析：无线双头按摩器项目如何赢得企业的持续支持

1. 背景

设计团队为企业开发了一款双头按摩器，初期方案采用有线供电（图 4.18），但在用户调研后发现，有线设计限制了使用场景，尤其在办公环境和家中随时使用时，体验不够便捷。因此，设计团队将方案调整为无线充电版本（图 4.19），并配备充电底座，实现随充随用，大幅提升产品的使用率和便携性。

在提案阶段，企业高层对这一改进方案表示认可，认为无线设计更符合市场趋势。但在执行过程中，项目面临成本上升、市场竞争、供应链问题等挑战，企业高层开始重新评估方案，并考虑削减预算甚至放弃无线功能。

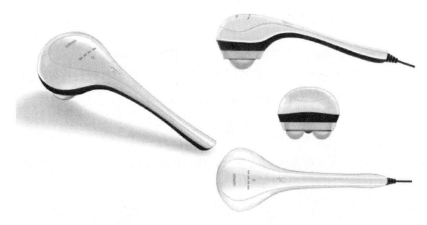

图 4.18　初期阶段的有线双头按摩器造型

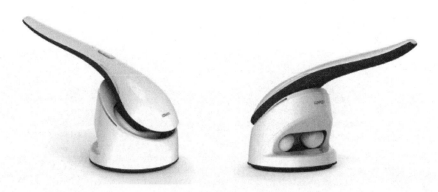

图 4.19　修改后的无线双头按摩器造型

2. 主要挑战

（1）挑战一：有线改无线，导致成本增加

新增无线充电模块和电池，成本比原方案提升20%，财务团队认为无线功能并非刚需，建议回归有线方案，以降低生产成本。

（2）挑战二：市场竞争加剧，企业担忧投资回报

同类按摩产品价格战激烈，企业高层担心如果增加无线功能，售价会过高，可能影响市场接受度。

（3）挑战三：供应链调整，企业担心量产周期

由于无线充电需要定制电池模块和磁吸充电座，供应商反馈交付周期比标准有线方案多6周，企业担忧上市延迟影响销售节奏。

3. 设计团队的应对策略

（1）用数据支撑决策，证明无线方案的市场价值

① 市场调研数据：团队调研发现，65%的目标用户更倾向于无线产品，并认为无线按摩器在家中、办公室、健身房等场景使用更便捷。

② 用户试用反馈：团队进行A/B盲测，无线版本的用户满意度比有线版本提升40%，体验明显更优。

③ 竞品分析：调研发现，市场上高端按摩器逐步向无线化发展，如果企业仍坚持有线方案，就可能失去竞争力。

结果：企业管理层认可了无线版本的市场前景，并决定保留该功能。

提案中的用户调研部分内容见图4.20。

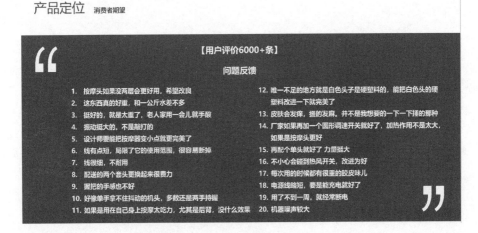

图4.20　提案中的用户调研部分内容

（2）通过成本优化，降低无线方案的生产压力

① 优化无线充电方案：团队将原大功率无线充电方案调整为更节能的版本，既保留了核心功能，又降低了8%的成本。

② 调整电池供应商：团队筛选出更具性价比的供应商，将电池采购成本降低8%，同时确保续航不受影响。

③ 调整制造工艺：在外壳设计上进行优化，减少不必要的组件，并优化模具，使整体生产成本下降5%。

最终，产品整体成本仅比原有线版本高出10%左右，但保留了无线功能，企业高层接受了该优化方案（图4.21）。

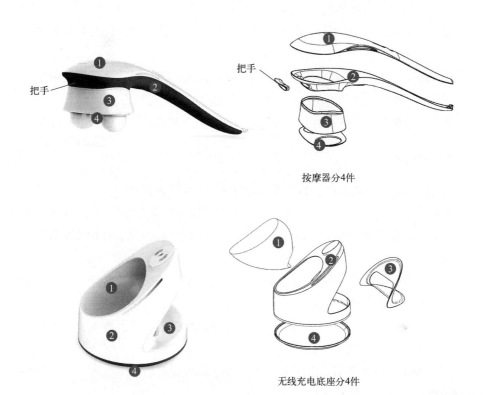

把手

把手

按摩器分4件

无线充电底座分4件

图 4.21　设计团队对造型工艺优化进行提案说明

（3）供应链调整，确保量产周期可控

① 预留两套生产方案：团队建议先量产不带无线充电底座的基础款（图
4.22），等无线充电模块到货后，再进行二次组装，确保核心产品能先上市。

图 4.22　有线基础款设计方案

② 供应链谈判：团队与供应商协商，缩短充电组件的交付时间，同时预留安全库存，确保生产不会因零部件延迟到货而停滞。

③ 分阶段上市策略：团队建议先推出基础款吸引市场关注，再在营销推广中强调"无线版即将上市"，保持用户期待值，同时减轻库存压力。

企业高层接受了供应链优化方案，项目按计划推进，并顺利进入量产阶段。

4. 关键经验

设计团队在执行阶段要持续向企业高层证明提案的价值和可行性。

① 定期提供市场竞争分析：监测竞品动态，确保提案仍具有市场竞争力。

② 用用户数据强化决策：通过用户试销、访谈、A/B 测试，证明无线版更具市场吸引力。

③ 建立里程碑汇报机制：及时向企业管理层汇报进展，确保企业始终关注项目，而不是等出现问题才沟通。

④ 采用可视化数据展示：用市场反馈、竞品分析、销售预测等，让企业直观地了解提案的市场价值。

⑤ 邀请高层参与产品试用：让管理层亲自体验优化后的无线版本，增强其对方案的信心。

⑥ 与研发、市场、供应链团队保持同步：确保调整不会影响产品的整体价值。

⑦ 在资源受限的情况下，提供优化方案：降低非核心功能成本，而非削减关键设计，例如优化无线充电方案，而非直接取消。

05

第五章

全案思维：提案的未来发展

引言

产品设计提案的作用正不断扩展，从单纯的产品优化逐步成为企业商业模式和市场战略的重要支撑。它不仅关注如何提升产品的吸引力，还要帮助企业在复杂的市场竞争、供应链升级和数字化转型中找到增长机会。本章将探讨设计提案如何突破传统的"产品设计"思维，延伸到商业模式创新，并通过跨学科协作和现代工具的应用，使提案在企业运营中发挥更大的作用，成为推动企业增长的关键力量。

第一节　提案的边界拓展：从产品到商业模式

产品设计提案的核心目标是优化产品功能和用户体验，但在市场环境不断变化的情况下，企业的需求早已超越产品本身，更希望通过设计提案带动业务增长、优化市场策略，甚至探索新的商业模式。

如今，设计提案不仅是优化产品，还在影响企业的市场战略。相比于以往聚焦于外观和用户体验，企业更关心设计如何打开市场、提升盈利、降低成本，并提高品牌竞争力。

在本节中，我们将深入探讨：

① 为什么产品设计提案不能只关注产品？

② 如何从单一产品设计升级为整体商业战略？

③ 未来的设计提案如何从产品创新走向"全案思维"？

④ 企业如何让设计提案成为盈利增长的助推器？

▶▶ 一　为什么产品设计提案不能只关注产品

过去，产品设计提案大多围绕外观、功能和体验展开。但如今，仅有产品创新不够，企业更在意的是：这个设计能否真正促进商业成功？

1. 企业如何看待设计提案

企业在评估设计提案时，已经不再仅仅关注"设计是否好看"或者"用户是否喜欢"，而是更关注以下几个核心问题。

（1）是否能够提升产品的市场竞争力

功能优化、用户体验提升，以及产品如何在竞争激烈的市场中脱颖而出。

（2）是否能够降低制造与供应链成本

成本可控性，包括材料选择、生产方式、供应链整合等因素。

（3）是否能够创造新的商业机会

如何创造市场机会、影响用户决策，并推动商业模式创新？

2. 案例：按摩椅企业如何通过设计优化商业模式

（1）背景：高端按摩椅的市场挑战

某按摩椅品牌计划推出一款高端型号，最初的设计重点放在外观升级上，以吸引高端用户。然而，在设计提案阶段，团队深入市场调研后发现，消费者更在意如何优化按摩体验、提升空间适应性。

（2）提案的演进：从产品优化到场景整合

在传统的产品设计思维下，这款按摩椅的设计提案可能会仅关注以下三方面。

① 材质升级（更高级的皮革、更柔软的填充物、更符合人体工程学的设计）。

② 按摩体验优化（更多按摩模式、更强的力度调节、更丰富的按摩程序）。

③ 控制方式优化（更直观的触控屏、更高级的遥控器、更便利的移动滚轮）。

然而，市场需求正在发生变化，团队意识到：

·仅仅优化产品外观和按摩功能，并不能解决用户真正的痛点。

·让按摩椅具备更强的智能化、健康管理功能，并与高端家居、智能家居生态整合，才是市场增长的关键突破口。

（3）提案优化方向

从单一按摩设备升级为"智能健康管理方案"。设计团队调整了提案方向，不仅优化了产品本身，还提出了"智能健康管理生态计划"，让按摩椅具备以下商业化优势。

① 材质升级与制造工艺创新：采用高端汽车级外壳取代传统皮革包裹设计。

按摩椅行业长期沿用皮革包裹+塑料框架的组合方式，虽然具备一定的舒适度，但存在以下痛点：

·使用寿命受限：皮革容易老化、破损，降低了产品整体质感。

·清洁难度高：传统按摩椅的皮革缝隙容易积累灰尘、污渍，难以清洁。

·外观局限性：皮革质感虽然豪华，但在科技感、未来感的营造上相对有限。

提案中的设计调研部分见图5.1。

设计团队创新性地提出：

·采用高端汽车级外观涂装工艺，让按摩椅的外观具备类似豪华汽车外壳的光泽度、触感及耐用性，提升产品质感与视觉冲击力（图5.2）。

·将皮革元素用于局部接触区域（如头枕、扶手等），兼顾舒适性与现代科技感，使产品更符合高端市场的需求。

·增加可定制化能力，提供不同材质与配色选择，满足不同用户的家居风格需求（图5.3）。

图 5.1　提案中的设计调研部分

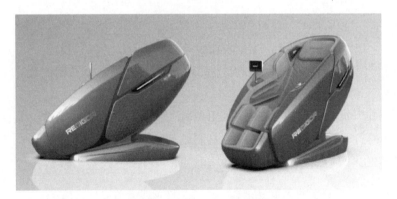

图 5.2　采用高端汽车外观涂装工艺的按摩椅造型方案

图 5.3　提案中展示的不同颜色可选方案

② 智能健康功能扩展：让按摩椅成为个人健康管理中心，打造个性化健康管理方案。

·智能数据联动：与智能健康小程序等设备连接，记录用户的健康数据，并根据身体状况自动调整按摩强度与模式。

·远程健康管理：用户可以通过手机小程序远程设置按摩模式，由专业客服远程调整个性化按摩方案，提高个性化健康管理体验。

③ 空间适应性优化与生态整合：让按摩椅更适配现代家居，传统按摩椅的市场痛点如下。

·体积庞大，占据较大空间，许多消费者因房屋空间有限而放弃购买。

·设计风格与家居风格不匹配，传统按摩椅的厚重感与现代家居风格难以融合。

·固定场景使用，缺乏适应性，无法适配更多元化的生活环境，如办公、健身房、智能家庭影院等。

新一代设计方案：

·流线型封闭式设计：相比于传统开放式按摩椅，这种半封闭舱式设计提供更沉浸式的按摩体验，同时减少占地面积，使其更容易融入高端家居环境（图5.4）。

图5.4　半封闭式按摩椅造型方案

·智能氛围灯系统：配备可调节LED氛围灯，与用户的放松模式联动，提供更沉浸式的按摩体验（图5.5）。

图5.5　氛围灯开启状态的按摩椅

·与智能家居联动：与智能家居生态整合，用户可以通过语音助手控制按摩椅，并同步调整室温、灯光、背景音乐等，让按摩成为一种全方位的放松体验。

④ 方案落地与结果：这一优化后的设计提案获得了企业高层的认可，并促成了多项跨界合作。

·与智能家居品牌合作，确保按摩椅能够与智能家居生态兼容，提高市场竞争力。

·与健康科技品牌合作，提供健康监测方案，提高产品的医疗健康价值。

·与高端家具品牌联名，推出定制版按摩椅，打造全新的高端家居市场。

⑤ 结论：这一案例表明，设计提案不只是产品优化，更是商业模式创新的关键。如果设计团队仅仅关注外观和功能，而没有考虑市场竞争、商业模式、供应链整合，那么即便是最精美的设计，也可能最终无法为企业创造真正的价值。因此，设计提案的新思维应当具备以下转变。

·从单一产品视角转向对市场和商业模式的综合考量。

·让设计团队不仅是产品研发的参与者，更是企业资产增长的推动者。

·通过数据分析和跨学科整合，设计提案更加精准、可落地，并具备商业变现能力。

二 从单一产品设计到整体商业战略

随着市场环境的变化，设计提案的作用已远超产品本身，它已经成为影响企业商业模式的重要因素之一。设计不仅关乎产品的外观与功能，更深度影响定价策略、供应链整合、营销模式，甚至重塑企业的市场定位。

1. 现状：传统产品设计提案的局限性

（1）单一产品导向，缺乏整体商业考虑

大多数设计提案仍停留在优化产品本身，如改善外观、提升用户体验、增加创新功能，但很少涉及市场定位、盈利模式、品牌营销策略等更广阔的商业维度。

问题：

① 产品设计得再好，如果不能匹配市场需求，仍然难以获得成功。

② 即便设计方案获得认可，若没有合理的定价与商业策略，也难以支撑长期盈利。

（2）缺乏商业数据支持，难以说服企业决策层

许多设计师在提案时主要依靠直觉和经验，而非数据驱动的市场分析。企业在评估提案时，更关注市场竞争分析、用户需求数据、成本效益预测等关键商业指标。

问题：

① 设计团队往往忽略了"设计=投资"这一现实，企业高层希望看到投资回报率（ROI）。

② 缺乏市场数据支持的提案往往会在高层决策时被搁置或修改，甚至被否决。

（3）脱离供应链和市场策略，难以真正落地

一个产品设计方案不能与企业的供应链、生产能力、市场推广策略匹配，最终也很难真正实现商业化落地。

问题：

① 设计团队可能过分关注创意，而忽视产品的可制造性和供应链成本控制。

② 企业需要的不仅是"好设计"，更是"好生意"——如何降低成本、优化生产流程、提高利润率。

2. 趋势：设计如何影响企业商业战略

未来的产品设计提案需要从单一的产品优化拓展为完整的商业方案，覆盖从产品开发到市场落地的全过程。

精准的设计提案可以帮助企业做出更有价值的商业决策，并在以下三个关键环节影响商业模式。

（1）定价策略

定价并非由市场部门单独决定，产品的设计方案直接影响定价逻辑、品牌溢价能力和市场竞争策略。设计提案应该帮助企业确定更合理的定价区间，提升产品的市场认可度。

① 材料选择：高端材料与低成本材料，如何平衡品质与成本？

② 制造成本：产品结构的优化，是否能降低生产成本，提高利润？

③ 品牌溢价：如何通过设计提高品牌价值，使产品能够卖得更贵？

案例：高端家居品牌如何利用设计提案提高产品定价？

某家居品牌计划推出一款新型智能灯具，设计团队最初专注于外观创新。但在市场调研后发现，用户愿意为"个性化设计+智能体验"支付更高溢价。于是，团队优化了设计方案，并在提案中提出：

① 增加可定制的灯罩颜色，提高产品独特性。

② 增加智能灯光调节功能，提升用户体验。

③ 通过限量版策略，创造稀缺性，提高市场售价。

该产品（图5.6）的定价比市场同类产品高出30%，但销量依然超出预期。这一案例表明，通过精准的设计提案，不仅能优化产品体验，还能提升市场溢价能力，支撑更高的定价策略。

图 5.6　个性化定制的智能灯具设计案例

（2）供应链优化

设计还直接关系到生产效率、制造成本和供应链管理。设计提案在早期就需要考虑商业可行性，确保企业在保持高质量的同时，增强供应链的稳定性。

① 模块化设计：降低制造复杂度，提高组装效率。

② 材料优化：选择既符合美学需求，又易于生产的材料。

③ 标准化与量产性：降低单位成本，提高生产效率。

案例：筋膜枪如何通过供应链优化降低成本？

某健康科技品牌计划推出一款新型筋膜枪，设计团队在提案阶段与供应链团队合作，提出了三大优化策略。

① 改进材料选择：将金属与工程塑料相结合，在保持耐用性的同时降低制造成本约10%，减轻机身重量，提高便携性，同时保持高端质感。

② 优化内部结构：减少多余组件，优化电动机固定方式，提升生产效率15%，缩短生产周期。

③ 模块化生产：不同型号共享核心电动机、控制板、锂电池单元，降低供应链压力和库存管理成本。

结果：生产成本降低15%，制造效率提升17%，产品重量减轻15%，确保产品在中高端市场具备更强的竞争力。新型筋膜枪设计案例见图5.7。

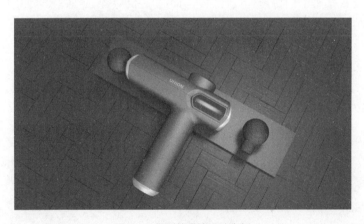

图5.7　新型筋膜枪设计案例

（3）营销模式创新

品牌传播和市场策略同样至关重要。设计提案应该在产品设计阶段就考虑如何让产品更具传播力，使用户更容易接受和分享，从而创造新的消费场景。

① 社交媒体传播力：让产品更具"社交属性"，提升用户自发传播意愿。

② 场景化营销：通过设计增强产品的故事性和使用场景。

③ 跨界合作：与其他品牌联名，提高市场曝光度。

▶ 三 未来的设计提案：从产品创新走向"全案思维"

设计提案的作用正在发生变化，不再只是优化产品，而是深度影响企业的市场策略、品牌定位和商业增长路径。设计不只是"让产品更好看"，而是"让企业更成功"。

1. 现状：设计团队在商业决策中的话语权

目前，大多数企业仍然将设计团队视为产品开发环节的一部分，而非商业战略的关键贡献者。这种局限性导致很多设计师的方案最终未被采用，其根本原因在于：

① 缺乏商业逻辑支撑：设计提案通常只关注产品创新，而忽略了市场、用户需求、盈利模式等关键商业要素。

② 与企业整体战略脱节：设计师往往站在产品角度思考问题，而企业决策层更关注商业增长、市场占有率、长期投资回报率等宏观指标。

③ 无法形成跨部门协作：设计团队与市场、供应链、财务等部门的协作较弱，导致提案在执行阶段容易遇到阻力。

因此，未来的设计提案要想在企业中发挥更大的影响力，必须进行思维升级，让提案具备更强的商业竞争力。

2. 趋势：设计提案如何在企业战略层面发挥更大作用

设计提案正在从单一的产品创新向"全案思维"升级，包括提供产品创意、支持企业的市场扩展、商业模式优化、成本控制等战略目标。要做到这一点，设计团队可以从以下几个方面优化提案。

（1）与企业市场策略深度融合

设计提案不仅要展现产品本身的价值，还要能支持企业的市场扩展计划。

① 精准匹配市场需求：确保设计提案符合企业当前的市场目标，而不是单纯的创意表达。

② 品牌定位优化：设计如何帮助企业塑造更强的品牌形象，提高市场影响力。

③ 市场扩展策略：设计如何推动企业进入新市场，开拓新的消费群体。

（2）设计提案需要提供数据支撑

企业决策层更倾向于相信数据驱动的提案，而不是单纯依靠设计直觉。今后的设计提案必须结合市场调研、用户需求分析、商业模式优化等数据，提高提案的可采纳度。

① 市场数据支持：通过行业数据、消费者洞察、竞品分析，提升设计的科学性。

② 用户反馈验证：利用AI、用户调研、产品测试等方式，确保设计方向满足用户需求。

③ 商业模式优化：通过数据分析，帮助企业找到更优的盈利模式。

▷▷ 四 未来企业如何用提案增强市场表现

产品设计提案的核心价值正在拓展，不仅优化产品，还推动企业商业模式升级、市场策略优化、供应链降本增效、用户体验提升，从而形成真正的商业竞争力。因此，企业必须重新审视设计在商业决策中的地位，并采取系统性策略。

1. 赋予设计团队更大的商业决策参与权

（1）现状：设计师的商业话语权仍然有限

在许多企业中，设计部门仍然处于"执行层"，专注于产品的外观、功能和体验，而市场策略、定价、供应链管理等商业决策仍由市场、财务、供应链团队主导。这种模式使得设计提案难以影响企业的核心商业决策，即便是出色的设计方案，也可能因缺乏商业逻辑支持而被搁置。

（2）趋势：让设计师参与商业模式构建

随着市场竞争的加剧，企业越来越重视设计在商业增长中的作用，设计团队正在从单纯的产品开发者向商业战略的深度参与者转型。

① 深度参与产品的商业规划，不仅是外观和功能，更要涉及市场策略、盈利模式、供应链整合等环节。

② 将设计提案纳入企业的投资评估体系，通过数据支撑，向管理层证明设计方案的投资回报率（ROI）。

③ 赋予设计师更多的跨职能沟通权力，确保设计方案不仅能在美学和功能层面被认可，还能在市场、财务、供应链等多个维度获得支持。

2. 推动设计与市场、供应链、销售团队的深度协作

（1）现状：设计团队与市场、供应链、销售的脱节问题

许多企业的设计团队与市场、销售、供应链之间的协作较为松散，导致以下问题：

① 市场团队和销售团队不了解设计方案的核心价值，难以在营销中放大其商业潜力。

② 供应链团队对设计方案的可行性存疑，最终产品在量产过程中被迫妥协，影响设计方案的完整落地。

③ 财务团队倾向于削减设计成本，而不是从设计创新中寻找利润增长点，导致设计被边缘化。

（2）趋势：跨部门深度协作，确保提案符合商业现实

企业需要打破设计团队与其他业务部门之间的壁垒，建立更紧密的跨部门协作机制，让设计成为企业战略的一部分。

① 在产品开发早期就让设计、市场、供应链团队共同参与决策，确保设计方案与市场需求和供应链能力相匹配。

② 建立"商业化设计评审机制"，让设计提案不仅接受美学和功能评估，还要经过市场数据、生产成本、用户需求的多维度评估。

③ 鼓励设计团队与销售、营销团队联动，确保设计方案能够被有效推广，成为市场增长的助推力。

3. 建立数据驱动的设计决策体系

（1）现状：企业仍然依赖主观判断进行设计决策

尽管数据驱动已经在市场营销、供应链管理等领域被广泛采用，但设计领域的数据化应用仍然较少，很多企业的设计决策仍然依赖设计师的直觉、过往经验，甚至企业决策层的主观判断。

这种方式存在诸多问题：

① 数据分析未深入应用于设计决策，导致设计方案不满足市场需求。

② 竞品分析流于表面，未能精准找到市场突破点，导致产品竞争力不足。

③ 无法量化设计投资的ROI，导致设计部门在企业中的话语权较低。

（2）趋势：构建数据驱动的设计提案体系

为了提升设计提案的市场适配性，企业正在建立更成熟的数据驱动决策体系。

① 市场调研+用户反馈数据分析：确保设计提案精准匹配用户需求，而非仅凭

经验判断。

② 竞品分析＋趋势预测：通过大数据分析市场趋势，优化设计提案，更具差异化竞争力。

③ 财务模型＋ROI预测：量化设计投资回报，提高企业对设计创新的信心，使设计成为商业增长的重要投入。

第二节　跨学科思维：提案如何连接商业、技术与市场

产品设计提案的作用已超越产品优化，它正在成为企业发展战略的一部分。仅有创新性的概念已无法打动企业，设计必须兼顾制造可行性、用户需求和市场竞争力，确保方案具备落地价值。

面对日益激烈的市场竞争，设计提案正逐步成为连接商业、技术和市场的关键纽带。通过跨学科整合数据分析、工程技术和商业模式，提案不仅能优化产品价值，还能助力企业构建更具竞争力的商业路径。

在本节中，我们将深入探讨：

① 设计提案为何必须具备跨学科融合能力？

② 如何整合多领域知识，提升提案的完整性和可行性？

③ 如何让设计方案升级为商业解决方案？

▶ 一　为什么提案必须具备跨学科融合能力

设计的边界正在拓展，单一学科视角已难以支撑高质量的提案。在当今竞争激烈的市场环境下，产品设计不仅关乎视觉与交互，更需要兼顾技术可行性、市场需求、商业模式和供应链整合，确保方案既能落地，又能推动企业增长。设计不再是孤立的创意表达，而是商业成功的重要推手。

过去，设计师的角色通常局限于产品外观与用户体验，但如果设计提案缺乏跨学科的融合，就很容易出现以下问题。

1. 单一学科思维的局限性

（1）只关注美学和用户体验，忽略制造可行性

许多设计方案在视觉上令人惊艳，但在量产阶段因结构复杂、工艺不成熟或制

造成本过高，企业无法真正落地执行。设计团队如果不考虑生产工艺，很可能在制造阶段就被迫修改方案，甚至推翻重做，浪费大量资源。

（2）缺乏市场视角，无法精准满足用户需求

设计团队往往从美学或功能角度出发，但如果缺乏市场调研和用户行为数据支撑，产品最终可能会偏离实际需求，导致上市后市场反馈不佳。例如，一些产品虽然设计精美，但因价格、功能、定位等方面未能精准匹配目标用户，最终销量不及预期。

（3）技术脱节，设计方案与工程团队不匹配

设计团队与工程团队的协作不畅可能导致设计方案难以匹配技术实现，甚至在生产阶段频繁调整，造成大量返工或推迟上市。例如，设计团队可能希望极简风格，但如果未与技术团队沟通，可能会导致内部空间不足，无法容纳关键元件，影响产品性能。

这些问题表明，单一的设计思维已经无法满足当今的市场需求，设计提案必须从多学科融合的角度出发，才能真正推动企业增长。

2.设计、技术、市场如何形成合力

设计提案要兼顾技术实现、市场需求和商业模式，既能带来创新，也能真正投入生产。

（1）设计+技术：让提案具备可落地性

产品设计提案不仅要关注产品外观和交互，还需考虑制造工艺、材料选择、能源管理、智能控制等技术因素，确保方案具备商业可行性。例如，在智能设备设计中，合理的元器件布局、散热优化、电池续航管理，不仅能提升产品体验，也能降低生产成本，提高市场竞争力。

（2）设计+市场：让提案精准匹配用户需求

设计决策不再凭经验，而是基于市场调研、用户数据和竞品分析，让方案更精准地匹配市场需求。产品设计提案不仅要解决产品功能问题，还需要提高品牌价值、提升用户黏性，甚至塑造新的消费场景。例如，设计一款智能健身设备不只是优化外观，还要结合用户数据，提供个性化健身推荐、社交互动功能，从而提高产品的市场竞争力。

（3）技术+市场：用数据驱动设计决策

市场反馈与用户数据正在成为设计优化的重要依据。如果数据表明某项功能对用户决策至关重要，就需要主动调整设计方案，而不是被动地等待市场验证。例如，在健康监测设备的设计中，如果数据显示用户更关注精准度而非产品外形，那

么设计提案就应围绕检测算法、传感器布局优化展开，而非一味地追求极简设计。

3. 案例: 智能穿戴设备的设计如何平衡技术与市场

（1）挑战：如何兼顾轻量化设计与按摩/热敷效果

某健康科技公司计划推出一款智能暖腹仪，设计团队最初围绕轻量化和极简风格展开产品构思，希望提升佩戴舒适度（图5.8）。然而，在市场调研和技术评估后，团队发现：

① 外观轻薄带来的空间限制：难以容纳足够的按摩组件，影响按摩效果。

② 砭石按摩头的热传导效率与电动机驱动系统的矛盾：如果设备太轻，按摩力度可能不足；如果增加重量，佩戴舒适性可能受影响。

③ 用户需求的变化：市场调研表明，女性用户更关注的是均匀的热敷体验、按摩舒适度和便携性，而不单单是外观简洁。

团队意识到，仅靠产品优化难以解决市场痛点，后续设计提案需要兼顾轻量化、功能性和商业可行性，以确保产品既符合用户需求，又具备市场竞争力。

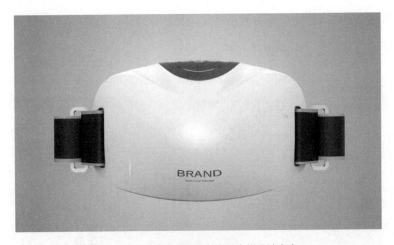

图5.8　初期设计提案中的暖腹仪设计方案

（2）解决方案：基于市场反馈的设计提案优化

设计提案如何平衡技术与市场？

① 产品结构优化，使提案更具可行性。

·升级按摩组件：采用电动机驱动砭石按摩头，结合智能变频技术，使按摩力度与温热疗法协调配合，提升舒适度。

·优化内部布局：调整电动机与按摩头的布局，使设备在轻量化设计下，仍能提供足够的按摩深度与覆盖面积。

·可调节佩戴方案：固定带可调节松紧，适配不同体型的用户，提升了佩戴体验，降低了市场落地时的调整成本。

② 材料与加热方案优化，提高提案的市场竞争力。

·高效热传导材料：选用导热性能优异的石墨烯或远红外加热膜，结合砭石按摩头，确保热量均匀分布，提升了热敷体验。

·智能温控技术：提供多挡温度调节，让用户可根据需求选择合适的热敷强度，使设计方案兼具舒适性与市场竞争力。

③ 智能交互优化。

·智能按摩模式：采用动态调节技术，让电动机驱动的砭石按摩头根据用户的腹部肌肉状态自动调整力度，适应不同的使用场景，提供更舒适的个性化体验。

·小程序联动管理：设计提案中整合了小程序管理功能，用户可通过小程序调整按摩模式、调节温度，并接收健康数据反馈，提升操作便捷性，增强用户黏性。

优化后的设计提案中暖腹仪方案见图5.9。

图5.9 优化后的设计提案中暖腹仪方案

通过改进按摩系统、增加热敷功能，并引入智能交互技术，设计团队成功平衡了暖腹仪的轻巧设计与效能，提高了市场竞争力。

随着市场对智能健康产品需求的不断增长，设计提案的重点已从单纯的产品优化扩展到提升用户体验和创新商业模式。这样的变化要求提案不仅要关注产品的功能和美观，而且必须考虑到如何让产品更好地适应市场和带来经济回报，确保产品能在激烈的行业竞争中取得优势。

 ## 二 提案如何整合多学科知识

1. 现状：大多数设计提案仍然过于单一

尽管设计在产品开发中扮演着至关重要的角色，但许多设计提案仍然局限于"美观＋功能"的框架，缺乏对技术、市场、商业模式的综合考量。这种局限性可能导致以下问题。

（1）设计方案美观但不可制造

设计团队提出了极具视觉冲击力的概念，但在生产阶段，并发团队发现该方案因工艺复杂或成本过高而无法量产，最终不得不推翻重来。

（2）市场需求被忽略

设计团队未能充分调研用户需求，导致市场团队提出的功能需求未能在设计提案中体现，产品上市后市场反馈不佳。

（3）商业可行性不足

设计提案未考虑生产成本、供应链可行性、品牌定位等商业因素，导致即便产品概念很吸引人，最终也无法成功落地。

随着市场竞争的加剧，设计提案正从单一的产品优化向更综合的盈利能力塑造方向转变。只有在技术创新与经济可行性之间找到平衡，才能真正提高市场竞争力，并推动产品顺利落地。

2. 趋势：通过技术趋势提高提案的竞争力

随着技术进步和市场需求的变化，产品设计提案不再只是展现产品美学，而是整合跨学科知识、提升产品盈利能力。以下几个方向正在成为影响设计提案的重要趋势。

（1）AI与数据分析：数据驱动设计决策

以往的设计提案往往依赖直觉或用户访谈来判断市场需求，而如今，AI与大数据分析正在重新定义设计提案的精准度。

① 用户行为数据优化交互体验：通过AI分析用户习惯，设计团队可以获得更精准的数据支持。例如，智能家居产品可以分析用户的日常作息，自动调整灯光亮

度、空调温度、窗帘开合，从而提升产品的适用性。

② 数据驱动的用户需求预测：AI不仅可以分析现有用户数据，还可以基于历史数据预测未来需求，使设计团队在产品开发阶段就能精准对标市场。例如，智能健身设备可通过分析用户运动数据，预测未来健身趋势，提前优化设计方案，确保提案更具市场竞争力。

③ 个性化产品配置：AI可以帮助企业优化产品的个性化配置。例如，定制按摩设备、智能可调节家居、智能护肤仪器等正在基于用户数据提供个性化推荐，让产品更具差异化优势。

（2）IOT（物联网）：提高产品智能化能力

从单一产品到智能互联设备，IOT（物联网）正在改变设计提案的逻辑。设计不只是优化产品的功能，而是要让产品成为服务生态的一部分，提升用户体验，并创造新的商业模式。

① 让智能设备成为用户的个性化服务中心：例如，家电产品不再只是一个独立设备，而是可以通过IOT技术，与智能语音助手、手机APP联动，实现远程控制和个性化服务。

· 智能厨电：通过IOT连接，用户可以在手机APP上预约烹饪时间，或让冰箱自动检测食材并推荐菜谱。

· 智能健康设备：如智能眼部按摩仪（图5.10），可连接手机APP，根据用户使用数据调整按摩模式，甚至提供数据分析报告。

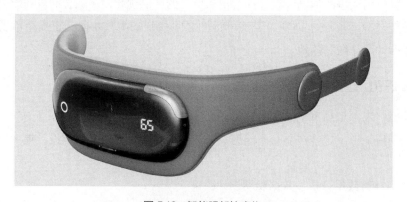

图 5.10　智能眼部按摩仪

② 通过IOT提升产品市场竞争力：除了优化用户体验，IOT还能帮助企业拓展盈利模式。

·订阅服务：例如，智能咖啡机不仅卖机器，还能提供咖啡豆订阅，让用户定期收到适配的咖啡产品。

·数据增值服务：智能健身设备可收集用户运动数据，企业可以基于这些数据推出个性化健身计划或健康保险合作方案。

（3）可持续材料：兼顾环保与经济效益

环保设计不再只是品牌宣传，而是正在成为消费者的核心考量。越来越多的企业在设计提案阶段就将可持续材料纳入考量，以满足环保法规的要求，降低成本，并提升品牌形象。

① 环保材料的市场吸引力正在上升。

·消费者对可持续产品的需求增长：研究表明，环保材料在家居、服装、电子产品等领域已成为重要竞争优势。

·头部品牌纷纷布局：如耐克推出再生塑料鞋、宜家采用可回收木材、苹果减少塑料包装，并优化供应链以减少碳排放。

② 可持续材料如何影响设计提案？

·选材阶段的可持续性评估：例如，家具品牌采用可再生木材、回收塑料等环保材料，同时确保供应链的可行性，使其既环保，又不会提高制造成本。

·耐用性与可回收设计：在提案阶段，设计团队需要考虑如何提升产品的耐用性、维修便利性和回收可行性，例如采用模块化电子设备、可拆卸结构设计，以延长产品的生命周期，减少环境负担。

③ 环保设计如何提高企业的盈利能力？

·企业可通过"碳中和"产品吸引环保意识强的消费者，并获得政策支持。

·通过采用可持续材料，降低长期生产成本，避免未来环保法规导致的额外支出。

·在产品包装、物流方面也可纳入可持续设计，如减少一次性塑料、使用可降解材料，提升整体环保形象。

▶▶ ⃝三 从"设计方案"到"商业解决方案"

设计提案的价值正从单一的产品优化扩展至商业增长的驱动力。企业期待设计方案能够提高市场竞争力、优化供应链成本、增强品牌影响力，甚至创新商业模式。

一个完整的设计提案，至少应涵盖以下三个关键要素：

① 市场策略：设计是否符合企业的品牌定位和市场需求？如何让产品更具市场竞争力？

② 技术可行性：设计方案是否能顺利进入量产？生产工艺、成本控制是否合理？

③ 用户体验：如何通过设计提升产品的实用性、易用性，并提高用户满意度？

只有当设计方案具备清晰的市场定位、技术落地方案和经济效益支撑时，才能从"设计方案"升级为真正的"商业解决方案"。

1. 现状: 企业如何看待设计提案的价值

目前，许多企业仍然把设计团队视为产品开发的一环，而不是推动商业增长的关键力量。因此，企业对设计的期待早已不止于"好看"，而是希望它能带来实际的市场价值，助力企业在竞争中占据更大的优势。

然而，许多设计提案因缺乏市场和商业逻辑的支撑，而难以获得企业高层的认可，导致方案无法落地，甚至影响企业对设计的信任。

① 市场风险未被充分评估：设计师提交了一款视觉效果出色的产品方案，但企业高层担心市场接受度，迟迟不愿投资。

② 未考虑制造成本：提案方案缺乏对供应链和生产工艺的考量，导致技术团队发现量产难度过高，最终设计被迫修改或放弃。

③ 缺乏用户需求验证：设计师专注于产品功能，却忽略了用户的实际购买决策逻辑，导致产品上市后市场反响平平。

这表明，设计提案必须摆脱单一的产品优化思维，真正融入企业的商业战略，才能赢得企业的认可，并推动产品从概念走向市场。

2. 趋势: 如何让企业看到"设计提案 = 商业增长"

市场数据、竞品分析、技术落地这些方法已经成为设计提案的重要组成部分。但如何让它们更有效地影响企业战略、推动商业增长，仍然是设计团队需要深入思考的问题。

（1）用数据证明市场价值

· 市场数据的作用正在从产品优化转向影响企业战略。

在设计提案中，市场调研和竞品分析不仅用于调整产品功能，还用于为企业提供市场定位、投资方向、销售策略的参考。

例如，在智能家居产品提案中，团队不仅需要优化交互体验，还需要结合销售数据，分析用户购买动机、价格敏感度，并调整产品定位以提升市场接受度。

·用户反馈的影响力不断扩大，设计不只是提升体验，更是商业模式的一部分。

设计提案的目标已经不只是让产品更好用，而是利用用户数据，优化商业模式，提升用户留存率。

例如，在智能健身设备的提案中，团队可以结合用户使用数据，验证订阅模式的可行性，使产品盈利模式不仅依赖一次性销售，还能通过会员订阅、个性化课程等方式形成长期收益。

（2）让技术落地，提升商业竞争力

·制造工艺和供应链的影响正在增加，设计决策不只是"可行"就够了。

过去，设计提案强调的是如何让产品能够量产，而现在，供应链优化、生产成本控制、材料选择已经成为影响产品成功的重要因素。

例如，在健康检测设备的提案中，除了确保传感器、电池续航、散热管理的技术可行性，还需要优化生产流程，降低BOM（物料清单）成本，提高产品的利润空间。

·设计提案需要融入更广泛的商业生态，而不仅是产品本身。

例如，在智能佩戴设备的提案中，团队不仅要优化产品形态，还需要结合健康管理平台、保险服务、运动社区等场景，让产品不仅是硬件，还是商业生态的一部分。这样，企业可以通过数据服务、增值内容等方式扩展商业模式，而非仅依赖产品销售。

（3）通过设计优化商业模式

·产品不仅是硬件，更是品牌盈利模式的一环。

设计提案的经济效益已经从"如何提升产品吸引力"转向"如何提高企业的盈利能力"。

例如，在智能健身设备的提案中，设计团队不仅要优化人体工程学设计，还要在提案中考虑数据分析、社交互动、个性化推荐等功能，确保用户愿意长期使用，并通过增值服务创造持续收益。

·设计不仅是在优化产品，还是在塑造品牌竞争力。

设计提案正在影响企业的整体市场策略。品牌价值、用户获取成本、市场定位都需要通过设计来强化。

例如，在高端家居产品的设计提案中，团队可以融入品牌调性，打造更符合市场定位的智能家居体验，从而提高产品溢价能力，并增强品牌忠诚度，使设计不仅服务于产品，也成为品牌增长的重要支撑。

第三节　提案的智能化升级：数据驱动与云端协作

产品设计提案的未来不止于优化产品，而是成为精准、高效、数据驱动的商业决策工具。企业不再只关注美学和功能，而是更看重设计提案如何直接推动市场增长和商业化落地。

借助数据分析、AI优化和云端协作等智能技术，设计提案正在向数据化、预测驱动型方向演进，同时团队协作效率也在不断提升。与此同时，设计团队的角色也在改变，他们不仅创造产品，更在企业决策中发挥关键作用。

在本节中，我们将深入探讨：

① 设计提案如何借助智能化技术实现突破？

② 智能化工具如何提高提案的商业效益？

③ 智能化提案如何影响设计团队的角色？

▶▶ ● 一　设计提案的智能化趋势

设计提案的决策方式正在发生变化，从依赖经验判断向数据驱动和智能分析转型。在竞争日益激烈的市场环境下，企业不仅关注产品创意和功能创新，更加重视市场预测、用户需求洞察和商业可行性评估，确保提案具备更高的市场适配度和落地可行性。

1. 现状：设计提案仍然面临的信息壁垒

尽管数据分析技术不断发展，许多设计提案仍然以设计师的直觉、美学判断和过往经验为主，缺乏系统的数据支撑和商业验证。这种方式在企业决策过程中暴露出诸多问题。

（1）市场适配度难以精准评估

许多设计决策仍然基于过往的成功案例，而忽视了市场需求和消费趋势的快速变化。如果提案未能准确对标市场需求，即使设计方案本身优异，也可能在商业化过程中遇到障碍。

（2）数据缺乏，提案难以形成商业逻辑

设计师通常更关注视觉表现、用户体验，而企业管理层更关心市场定位、盈利模式和供应链成本。当提案缺乏市场数据、用户反馈和商业可行性分析时，往往难以获得企业高层的认可，甚至在投资决策阶段被搁置。

（3）跨部门协作受限，影响提案落地

设计、市场、研发、供应链等团队之间的信息壁垒，使得提案在执行过程中需要大量调整，甚至可能因制造成本高、生产工艺复杂、市场接受度低等问题被企业高层否决，从而大大降低提案的实施效率和成功率。

趋势：随着数据技术和智能工具的发展，设计提案的制作逻辑正在发生变化。在创意阶段，提案就能整合市场预测、用户需求分析和市场潜力评估，提升方案实施的可能性，并帮助企业做出更精确的决策。

2. 提案如何从"感性判断"向"数据驱动"转型

数据分析、AI智能辅助、云端协作等技术的应用正在重塑设计提案的逻辑，让其具备更强的市场适配性和商业竞争力。

（1）市场数据分析提升精准度

通过用户行为数据、竞品分析、消费趋势预测，设计团队可以更精准地判断市场需求，避免过度依赖经验决策，提高提案的商业可行性。

① 应用场景：

·智能健康设备：通过市场数据分析用户最关注的功能（如心率检测与睡眠监测），优化产品设计重点，提高市场接受度。

·智能家居产品：分析用户使用习惯，确定消费者更倾向于语音控制、自动调节还是远程管理，从而优化交互方式，提高用户体验。

② 价值提升：数据分析让设计决策更加科学，确保设计方案在产品开发初期就具备市场竞争力。

（2）AI辅助设计优化方案

AI技术正在从辅助工具向主动设计参与者演进，不仅能优化已有方案，还能在创意生成、方案优化、落地可行性评估等环节提供智能支持。设计团队通过AI

可以更高效地探索设计可能性，使提案更具创新力、数据驱动力和市场潜力。

① 应用场景：AI技术已经广泛应用于产品设计的多个环节，从概念生成到建模、渲染、用户体验优化，为设计提案提供更高效的创意支持和落地方案。

·产品外观设计：AI绘图工具（如Midjourney、Stable Diffusion、DALL·E）能够基于文本描述快速生成多种视觉风格，让设计团队在提案阶段探索更广泛的造型语言，并进行创意优化。

示例：在家电产品提案中，设计团队可通过AI生成不同材质、色彩组合的产品外观草图，帮助企业快速筛选设计方向。

·AI生成建模：AI辅助3D建模工具（如NVIDIA Omniverse、DreamFusion）能够加速工业设计、结构优化和细节调整，提高提案的生产可行性。

示例：在智能可穿戴设备的提案中，AI可以快速生成符合人体工程学设计的手环形态，同时优化材料选择，提高佩戴舒适度。

·AI自动渲染与材质优化：AI可以自动优化材质贴图、光影效果，缩短渲染时间，提高提案的视觉呈现质量。

示例：在汽车座舱设计中，AI可模拟不同光照条件下的内饰材质表现，提供更真实的方案评估依据。

·交互界面设计（UI/UX）：AI能够自动生成UI界面布局，并基于用户数据优化信息架构，提高界面体验的直观性和可用性。

示例：在智能家居控制面板设计中，AI可模拟用户使用习惯，优化按钮布局，提高交互效率。

② AI如何优化提案，提高设计落地性？

AI的介入不仅加速创意生成，还通过数据分析、用户反馈、市场预测等方式，提高设计提案的精准度，使企业能更快决策并降低市场风险。

·用户数据驱动：通过AI分析市场数据、竞品分析、用户反馈，提案可以更精准地匹配用户需求，而非依赖经验判断。

示例：在智能健康设备的提案中，AI可以分析用户对心率、睡眠监测等功能的偏好，从而优化功能优先级。

·智能优化迭代：AI可以模拟产品在真实环境中的表现，让设计团队在虚拟测试阶段就能优化方案，降低后期修改成本。

示例： 汽车座舱设计可用 AI 测试不同驾驶场景，调整座椅角度和触控屏布局，提高舒适度和安全性。

③ 价值提升：AI 如何提高设计提案的竞争力？

· 创意更丰富：AI 可以提供超出传统设计师经验的风格探索，提高方案多样性。

· 迭代更高效：AI 建模、渲染、优化方案缩短了设计周期，提高了团队协作效率。

· 方案更可落地：数据驱动的设计决策让企业更快地看到产品效果，优化决策流程。

（3）预测性分析：让提案更具前瞻性

设计提案不仅要满足当前市场需求，更需要预测未来趋势，计企业提前布局市场。借助 AI 和数据分析，企业可以基于历史数据预测未来消费趋势、产品需求、用户偏好，确保提案更具前瞻性。

① 应用场景：

· 可穿戴设备：通过用户健康数据趋势分析，预测消费者对情绪检测、压力管理、智能睡眠调节等功能的关注度，从而优化未来产品功能规划，使其更符合市场趋势。

· 智能家居：AI 分析家居产品的使用数据，预测未来智能窗帘、智能照明、智能安防等产品的市场需求，帮助企业提前优化设计方案，提高产品的市场契合度。

· 消费电子产品：结合社交媒体数据、用户反馈等信息，预测未来用户对个性化定制、AI 语音助手、折叠屏技术等创新功能的接受度，为产品创新提供科学依据。

② 价值提升：预测性分析使设计提案能更精准地匹配市场趋势，帮助企业抢占先机。

（4）云端协作工具与数字孪生技术提升落地率

随着产品设计复杂度的增加，传统的物理测试和单一团队协作方式难以满足高效决策的需求。通过云端协作工具和数字孪生技术，设计团队可以在虚拟环境中进行仿真测试、优化设计方案，并结合供应链数据预估制造可行性和成本，从而大幅提高提案的落地率。

① 应用场景：

· 工业设备设计：使用数字孪生技术模拟设备在不同环境中的性能表现（如温

度、振动、负载压力等），减少物理测试需求，确保设计方案更加精准，提高产品可靠性。

·消费电子产品：在虚拟环境中进行产品散热、材质耐用度测试，优化散热结构、提升耐摔性等，在量产前就发现潜在问题，避免后期返工，提高产品开发效率。

·家电产品与跨国协作：通过云端协作工具（如3D建模平台、实时渲染软件），全球设计团队可以同步在线修改设计方案，提升跨国团队的沟通效率，缩短开发周期，减少误差。

② 价值提升：云端协作工具和数字孪生技术使设计提案的落地风险更低，增强企业对设计方案的信心。

▶▶ ② 智能化如何提升设计提案的市场潜力

企业对设计提案的关注点已不再局限于创意本身，而是更加重视其对市场的实际影响——是否能降低生产成本？是否能提高市场转化率？是否能创造新的盈利模式？

1. 现状：企业如何评估设计提案

以往的设计提案评估方式主要集中在产品的美学、功能、可行性等维度，而如今，企业做决定时更关注以下方面。

（1）是否能够降低生产成本和供应链成本

① 设计是否考虑了供应链整合、材料优化、生产效率等因素？

② 方案是否有助于减少生产损耗、提高生产自动化水平？

（2）是否能够精准匹配市场需求，提高销售转化率

① 设计是否基于数据分析，充分理解目标用户的需求和消费习惯？

② 是否有竞争对手的案例数据支撑，避免盲目创新导致市场接受度低？

（3）是否能够创造新的商业模式，提高盈利能力

① 设计提案是否能够带动增值服务（如订阅制、个性化定制、配套生态等）？

② 是否可以通过智能化功能拓展产品边界，从"单次购买"升级为"长期服务"模式？

③ 企业对设计提案的衡量标准正在发生变化，市场回报已经成为决定提案能否落地的核心标准之一。

2. 趋势：智能化如何提升设计提案的市场潜力

智能化工具正在深度改变设计提案的运作方式，使其更具市场竞争力，并大幅提升ROI（投资回报率）。以下几个方向正在成为企业关注的重点。

（1）AI市场分析

精准预测产品需求，避免出现"设计脱离市场"问题。设计提案的市场适配度往往决定了产品的商业成败。AI市场分析可以帮助企业在提案阶段就对市场需求进行精准预测，确保方案符合用户需求，降低产品上市失败的风险。

① 智能消费趋势分析：AI可以基于大数据分析消费者行为，预测未来的市场消费趋势。例如，在智能家居领域，AI可预测用户更倾向于智能语音控制还是自动化场景联动，从而优化产品设计。

② 用户需求分析：通过AI分析社交媒体、用户评论、搜索行为等数据，发现消费者最关注的功能。例如，智能可穿戴设备的设计提案可以基于用户的健康监测偏好，调整产品核心卖点，如更精准的睡眠监测、情绪分析等。

③ 竞品智能分析：AI可以扫描市场上同类竞品的数据，分析它们的市场表现、定价策略、用户评价，帮助设计团队规避已有产品的缺陷，优化自身的设计方案。

市场价值拓展：AI市场分析让设计提案从"凭经验判断"变为"数据驱动决策"，降低市场风险，提高产品成功率。

（2）供应链智能优化

从设计阶段降低生产成本，提高落地率。设计提案的可落地性直接影响企业的生产效率和成本控制。智能化供应链优化能够让设计团队在提案阶段就充分考虑材料选择、制造工艺、供应链整合等因素，确保方案不仅具备创新性，也能高效落地。

① AI智能选材与BOM成本优化：AI可以根据成本、耐用性、环保标准等因素，自动推荐最优材料，提高成本效益。例如，在消费电子产品中，AI可分析金属与复合材料的成本差异，并计算长期维护成本，使设计更符合商业目标。

② 智能生产仿真与制造工艺优化：数字孪生技术可以在提案阶段模拟不同制造工艺的成本和可行性，确保产品量产不会因生产难度过高而被否决。例如，智能家电的外壳设计可以通过仿真分析，优化注塑、金属冲压等制造工艺，提高生产效率。

③ 供应链协同优化：云端供应链管理工具可以帮助设计团队在提案阶段对接全球供应链，提前评估材料供应稳定性，避免因核心零部件短缺导致产品延迟上市。例如，智能手机厂商在设计新机型时，可以提前评估屏幕面板、电池等关键部件的供货情况，确保生产可行性。

市场价值拓展：供应链智能优化让设计提案不仅关注创新，更确保方案具备商业化落地的能力，提高生产效率，降低制造成本。

（3）智能营销与用户画像

让提案更符合市场需求，提高市场接受度。在竞争激烈的市场环境中，设计提案的成功不仅取决于产品本身，还要考虑如何吸引消费者，提高购买转化率。智能化营销和用户画像分析能够让设计提案在创意阶段就精准匹配目标市场需求。

① 个性化用户画像分析：AI可以通过用户行为数据自动生成目标用户画像，帮助设计团队更好地理解受众需求。例如，在智能健身设备的设计提案中，可以通过AI分析用户的健身习惯，从而提供更精准的个性化功能建议（如针对跑步用户与力量训练用户提供不同的设计方案）。

② 智能产品定价策略：AI可以分析市场数据，预测不同定价策略对销量的影响。例如，在智能家居设备的提案中，AI可模拟"高端定制"与"大众普及"两种市场定位的销售表现，为企业提供定价决策支持。

③ 智能营销策略优化：设计提案可以结合AI数据分析，预判广告投放、社交媒体传播、线上销售渠道的效果，确保产品发布时具备最优的市场策略。例如，智能可佩戴设备可以通过AI分析用户在社交平台的讨论热点，提前调整宣传策略，提高产品的市场接受度。

市场价值拓展：智能营销与用户画像分析让设计提案不仅是产品创新工具，更成为企业精准市场运营的决策支撑，提高用户转化率，提升品牌竞争力。

▶ ☰ 智能化提案如何影响设计团队的角色

设计团队的角色正在转变，不再只是优化产品美学的设计者，而是成为企业商业策略的重要参与者。过去，设计师的核心任务是优化产品体验，而在智能化趋势下，设计团队的职能已扩展到市场策略、商业模式创新、用户数据分析、供应链优化等领域。设计团队成为推动企业增长的重要力量。

1. 现状：设计部门的决策权较低

尽管设计对于产品而言至关重要，但在许多企业中，设计团队的影响力仍然有限，主要体现在以下几个方面。

（1）设计团队被视为支持部门，而非核心决策部门

在许多企业内部，市场、财务、供应链等部门主导战略决策，而设计部门通常仅在产品开发后期介入，执行具体设计任务，而非主动推动业务增长。

（2）提案影响力有限，难以推动商业决策

由于缺乏市场数据、用户需求分析、商业可行性验证等硬性指标，许多设计提案难以直接影响企业决策层，甚至在提案阶段就被搁置。

（3）设计与业务脱节，难以直接量化价值

企业更关注盈利模式、投资回报率（ROI）、市场份额等商业指标，而传统设计提案主要围绕产品本身，缺乏对商业增长的系统性思考。

设计团队的影响力不仅取决于创意能力，更在于如何将设计提案转化为企业增长的工具。

2. 趋势: 智能化如何提升设计团队的决策影响力

智能化技术正在重塑设计团队的角色，使其从单纯的产品优化者转变为企业增长战略的推动者。以下几个关键趋势正在增强设计团队的决策话语权。

（1）设计提案 = 业务增长提案

设计团队不再只是提出视觉和体验优化方案，而是提供基于数据支撑的商业增长方案，帮助企业提升盈利能力。

① 从"设计美学"到"设计增长"：设计提案不仅优化产品，还通过数据分析预测市场需求、优化用户路径、提升产品留存率，从而提升商业竞争力。

② 设计师如何影响业务增长？

·通过AI市场分析：设计团队能够准确识别目标用户的需求，并基于用户画像优化产品策略，使设计决策更具精准性与有效性。

·通过数据驱动的交互优化：减少用户流失，提高产品的转化率和用户留存率，让设计真正影响企业的收入。

价值提升：设计团队的提案不再只是"更好看"，而是帮助企业驱动用户规模增长、提升产品溢价、优化商业模式。

（2）设计师 = 产品 + 市场 + 数据整合者

未来的设计师不仅要精通设计，还需要理解市场运作、掌握数据分析能力，并能看懂商业模式，以推动企业创新。

① 设计师的核心能力升级：

·市场敏感度：理解行业趋势，基于市场数据优化设计方向。

·数据分析能力：利用AI、数据分析工具，优化产品体验，提高转化率。

·商业思维：设计不仅是产品创新，还是影响企业盈利的战略手段之一。

② 智能化工具如何提高设计师的业务能力?

·AI数据分析:帮助设计团队精准识别市场机会,制定更加符合用户需求的提案。

·智能建模与仿真:加速产品迭代,降低试错成本,提高提案落地率。

·用户行为数据分析:优化交互体验,提高产品的用户转化率和市场接受度。

价值提升:设计师的职责不再局限于产品美学,而是通过跨学科整合,提高产品的盈利能力和行业影响力。

(3)智能化提案让设计部门决策影响力更强

随着AI、数据分析、数字孪生等智能技术的发展,设计团队的决策影响力正在显著提升,甚至直接影响企业战略方向。

① 数据驱动设计,让提案更具参考价值。

有了数据支撑,设计团队能更清楚地向管理层展示方案的市场前景、商业回报和用户增长机会,使提案更具说服力。

例如,在智能健康设备的提案中,团队可以分析市场数据,验证健康监测功能是否符合用户需求,从而帮助企业判断是否值得投入研发资源。

② 跨部门协作,让设计提案更具商业化落地性。

设计团队需要与市场、供应链、财务、运营等多个部门深度合作,确保提案不仅符合用户需求,还符合商业逻辑。

例如,在家电产品的智能化升级提案中,设计团队需要结合供应链数据、材料成本分析、用户交互数据等因素,确保设计方案既能落地,又能提升产品溢价能力。

价值提升:通过智能化提案,设计部门能够在市场策略、用户增长、供应链优化等多个领域发挥作用,从"执行者"转变为"商业决策者"。

总结与展望

本书围绕产品设计提案，深入探讨了如何让创意真正落地，并推动企业的商业成功。从理解企业需求、构建有说服力的提案到精准呈现设计价值，再到如何影响企业战略和市场竞争，核心问题始终是：产品设计提案如何真正为企业创造价值？

设计提案不仅是方案展示，更是企业决策的重要依据。它连接创意与商业，使产品落地、品牌成长、市场拓展成为可能。一个真正有效的设计提案不仅能让企业接受设计，更能帮助他们做出清晰且具可行性的商业决策。

1. 设计提案的未来: 从创意表达到商业增长

设计提案正在从单纯的创意展示演变为企业增长的重要策略。在当今商业环境下，企业关注的已不再是"这个设计有多酷"，而是"这个设计能否推动市场增长"？

① 从单一产品优化到整体商业方案：设计不再局限于外观呈现，而是延伸至市场定位、品牌塑造、用户体验、供应链优化及商业模式创新。

② 数据驱动成为关键能力：设计提案不再依赖直觉，而是基于用户数据、市场趋势分析、AI等工具，提升精准度，降低试错成本。

③ 智能化协作加速提案落地：AI辅助设计、云端协作、VR/AR展示等使提案更具可行性，提高了跨团队协作效率。

这些变化意味着，设计师的角色正在扩展，从单纯的产品塑造者转变为企业增长的驱动者。若要真正推动商业增长，设计师则需要更广阔的商业视角、更精准的数据分析能力和更高效的协作能力。

2. 设计提案的终极目标: 让用户买单、让市场买单、让企业买单

设计提案不仅关乎创意表达，更关乎企业决策。要让提案真正发挥作用，关键在于用户、市场、企业都能认可它。

① 让用户买单：产品最终面对市场，设计提案必须基于用户需求，确保产品能够真正被市场接受。

② 让市场买单：设计不仅是对单一产品的优化，更是推动品牌成长、拓展市场份额、提升竞争力的长期策略。

③ 让企业买单：设计不仅仅是美学问题，更是商业策略的一部分。如何让企业管理层看到设计带来的市场价值？

设计提案不仅是设计师的工具，更是串联市场、研发、供应链和决策层的媒介。它需要在创意与商业之间找到平衡，既展现创新价值，又确保方案可执行，并最终带来商业收益。

3. 设计提案：不只是工具，还是一种思维方式

在写这本书的过程中，我不断思考一个问题：设计提案的核心到底是什么？

它不只是PPT的排版、不只是"炫酷"的渲染图、不只是一次完美的提案演讲，而是一种更深层次的思维方式——让企业相信，设计能够创造商业价值、能够驱动市场增长、能够降低风险，提高竞争力。

在这个快速变化的时代，设计师不仅要做好创意表达，更要学会站在商业决策的角度思考问题，才能让设计真正成为企业不可或缺的战略资产。

4. 未来的设计团队如何创造更大的商业影响力

未来，设计师不只是"做设计"的人，还应该做推动企业创新的关键角色。设计团队可以从以下几个方面提升商业影响力。

① 掌握商业思维：理解市场竞争、品牌战略、用户需求、商业模式，让设计真正服务于企业增长目标。

② 强化跨学科协作：设计提案不是独立存在的，它需要整合市场、研发、供应链、品牌营销等多个部门的需求，确保方案的可行性与落地性。

③ 善用数据和智能化工具：未来的设计提案，需要借助数据分析、AI优化、VR/AR沉浸式展示，提高说服力和商业价值。

设计师的终极目标，不只创造美，更要创造价值！

5. 结语：从创意到商业成功，设计提案的价值在于落地

写这本书的起点，来自我的实践经历——见过太多优秀的设计因提案逻辑不清晰而被企业否决，也见过许多成功案例，依靠精准的提案打动企业，高效进入市场。

希望本书能给你带来一套清晰、实用的提案方法，让创新不是停留在构想阶段，而是落地见效，创造真正的市场价值。

如果这本书能让你对设计提案有新的理解，能帮助你更高效地打磨提案、提升说服力，让方案真正落地，那它的价值就实现了。

希望每一次提案都能推动企业成长，让设计真正成为市场竞争中的制胜武器！

参考文献

[1]王受之.世界现代设计史[M].北京：中国青年出版社，2018.

[2]哈特穆林·艾斯林格.一线之间[M].北京：中国人民大学出版社，2012.

[3]原研哉.设计中的设计[M].桂林：广西师范大学出版社，2010.

[4]蔡赟，康佳美，王子娟.用户体验设计指南：从方法论到产品设计实践[M].北京：电子工业出版社，2019.

[5]奥利弗·加斯曼，卡洛琳·弗兰肯伯格，米凯拉·奇克.商业模式创新设计大全：90%的成功企业都在用的55种商业模式[M].聂茸，贾红霞，译.北京：中国人民大学出版社，2017.

[6]卡尔·T.乌利齐，史蒂文·D.埃平格.产品设计与开发[M].杨青，杨娜，等译.6版.北京：机械工业出版社，2018.

[7]迈克尔·勒威克，帕特里克·林克，拉里·利弗，等.设计思维手册：斯坦福创新方法论[M].高馨颖，译.北京：机械工业出版社，2019.

[8]刘传凯.产品创意设计[M].北京：中国青年出版社，2005.